甦る鉱山都市の記憶

佐渡金山を世界遺産に

五十嵐敬喜、岩槻邦男、西村幸夫、松浦晃一郎　編著

巻頭言

佐渡のこころ

岩槻邦男

世界文化遺産登録に向けて、暫定リストに載せられている「金を中心とする佐渡鉱山の遺産群」についての座談会（本書収録）を機に、佐渡を訪れた。遺産群について文献などで学ぶだけだと、どうしても問題になる箇所だけに目がいきがちであるが、いろいろの構成資産やその周辺に実際に触れることで、佐渡に生きる歴史の総体に、真の遺産の価値を知ることができたように思う。

世界遺産に登録するためには、遺産の文化的意義を整理して表現し、保全のための対応を明確にし、評価に耐えるために粛々と戦略を整える必要があることはいうまでもない。ただ、この種の対応では、登録という直近の目標に目を奪われて、登録を得て何を目指すかの計画から目を逸らせる事例も少なくないのも気になる。

青空を背景に道遊の割戸を見て、手で掘った先人の腕力に感心し、上相川の街址で、何も残っていないところの存在感に圧倒されながら、鎖国と呼ばれた時代に、ここでつくられた金の、世界の金本位制確立への参画に思いを致したことだった。

佐渡では、今昔物語集に記載される平安の昔から、今は操業休止となるまでの金銀鉱山の歴史が、その時々の時代背景をうつしたさまざまな遺跡のすがたで残されている。断片的になってしまった遺跡もあるものの、背景を学んでみれば、佐渡の人々の暮らしのなかで遺跡がどのように残されてきたかも関心を呼ぶ。

世界遺産登録に向けた構成資産ではないが、順徳上皇、日野資朝、日蓮上人、世阿弥などのゆかりの地を訪れ、無宿の墓なども訪ねた。最後に、トキの森や小倉千枚田も見せてもらったが、一度すがたを消したトキや棚田が再びすがたを見せるようになったのも、こころ豊かで明るい佐渡の人々の暮らしぶりにつながることだろうと、あらためて遺産群を考えたことだった。

日本列島の人口は江戸時代初頭には今の一割程度とされるが、その頃に相川地区だけで人口五万を超えたという推定もある。現在の佐渡市の人口に匹敵する。金山景気に酔っただけでなく、実際に金銀山の島は人々に愛されていたからだろう。鉱山が休業に入って、今では佐渡市の人口は徐々に減少しているという。街並みにも空き家が目立ち、シャッターを閉じた商店が目に留まる。ただ、金満ではないかもしれないが、私たちが接した佐渡の人々はどなたも明るく、生き生きとしておられた。この島で生きると、自然にそうなるのかと思ってしまった。その生き方が、貴重な遺産を今に維持し続けた歴史をつくったのだろう。

優れた構成資産をもとに、佐渡の世界文化遺産への登録はやがて実を結ぶと期待したい。しかし、登録されたからといって、一過性の旅人がどっと押し掛け、やがて日本の世界遺産のひとつに数えられるだけで、閑散とした街並みに佐渡の人たちの微笑みだけが生き続けるというのでは面白くない。世界遺産に登録されることで、佐渡の歴史が総体として理解され、ここで演じられた人々の生き方が、あらためて日本人の、人類の文化にひとつの指針を与えるものであってほしい。

わたしたちが訪れた三日間は、梅雨の最中というのに、佐渡は快晴に恵まれた。紺碧の空にそそり立つ道遊の割戸はひときわ鮮やかだったし、大空を群舞するトキの鴇色《ときいろ》の輝きは青空に映えていた。佐渡の人々の明日の生活もまた自然と共生して豊かであることを予見し、象徴しているようだった。

佐渡金山の象徴「道遊の割戸」。上部は、江戸時代に金銀鉱石を含む山を鉱脈に沿って断ち割った露頭掘りの跡。下部は近代になって大規模に掘削された。
撮影：西山芳一

佐渡鉱山の歴史

安土桃山時代以前の鉱山

佐渡島における産金の歴史は古く、平安時代末期にすでに産金（砂金採取）についての記述がみられる【註1】。また、永享六（一四三四）年に佐渡へ流罪となった世阿弥は、その著書『金島書』の中で、佐渡島を「金ノ島《こがね》」と書き記しており、一五世紀においても引続き佐渡で砂金採取が行われていたと考えられる。

天文一一（一五四二）年、越後国の商人が鶴子《つるし》銀山を発見し【註2】、地元の領主に対して一定額の銀を納めて銀山経営を請負っている。初期の採鉱技術については不明な点が多いが、発見者が開発したとされる百枚平には、露頭掘り*による採掘跡が無数に残されており、このような採掘形態が鉱山操業初期のものであると推測される。

天正一七（一五八九）年、越後国の大名であった上杉景勝が佐渡に侵攻した。上杉氏による佐渡攻略の背景には、鶴子銀山や西三川《にしみかわ》砂金山などの金銀山掌握が目的であった可能

露頭掘り（ろとうぼり）
地表に出ている金銀鉱脈を掘り取る採掘方法。戦国時代から江戸時代の初めにかけてさかんに行われ、「露天掘り」とも呼ばれた。「道遊の割戸」は露天掘りによって山がまっぷたつに割れてしまった奇観。

性が高い。上杉氏は同年に佐渡島内を平定すると、銀山経営のために鶴子銀山に陣屋を建て、目代（代官）を派遣している。

文禄四（一五九五）年、石見国の山師*によって鶴子銀山で本口間歩《ほんぐちまぶ》が稼がれた。本口と名付けられたこの間歩（坑口）は、その名称から、当時の最先端技術であった「横相」*による坑道掘りの技術が導入された場所と考えられている。また、史料からは確認できないものの、この頃までに石見銀山より銀の製錬技術である「灰吹法」*が伝わったと推測されている。このような新たな鉱山技術の導入により、鶴子銀山では「鶴子千軒」といわれる繁栄期が訪れた。

鶴子銀山の繁栄は、鶴子の奥山と呼ばれていた相川における鉱山開発を促し、慶長元（一五九六）年以降、相川で次々と良質な金銀鉱脈が発見された。慶長六（一六〇一）年には、徳川家康によって佐渡金銀山は直轄地となり、佐渡一国は江戸幕府の直轄領となった。この頃佐渡代官として派遣された田中清六は、積極的な鉱山経営を行い【註3】、その影響で道遊《どうゆう》の割戸《わりと》・割間歩《わりまぶ》・六十枚間歩での大規模開発をはじめ、多くの間歩が開坑した。これにより、佐渡に空前のゴールド・シルバーラッシュをもたらした。金銀を求めて来島した人々は、相川金銀山に近接する上相川の緩傾斜地に集落を形成し、「上相川千軒」と呼ばれて非常に栄えたのである。

山師（やまし）
鉱山経営や探鉱を行った職種の人。初期の山師は多様な鉱山技術者を抱えており、拠点となった地が町名として残ることが多い。

横合（よこあい）
鉱脈に対し直交して掘られた水平坑道。排水坑道が兼用されることが多い。

灰吹法（はいふきほう）
粉砕した金銀鉱石に鉛を合わせて加熱し、金銀と鉛の合金（貴鉛）をつくり、それを骨灰の上で再び加熱して金銀を採取する方法。朝鮮半島から石見銀山に導入され、生野銀山や佐渡金銀山などに普及した。

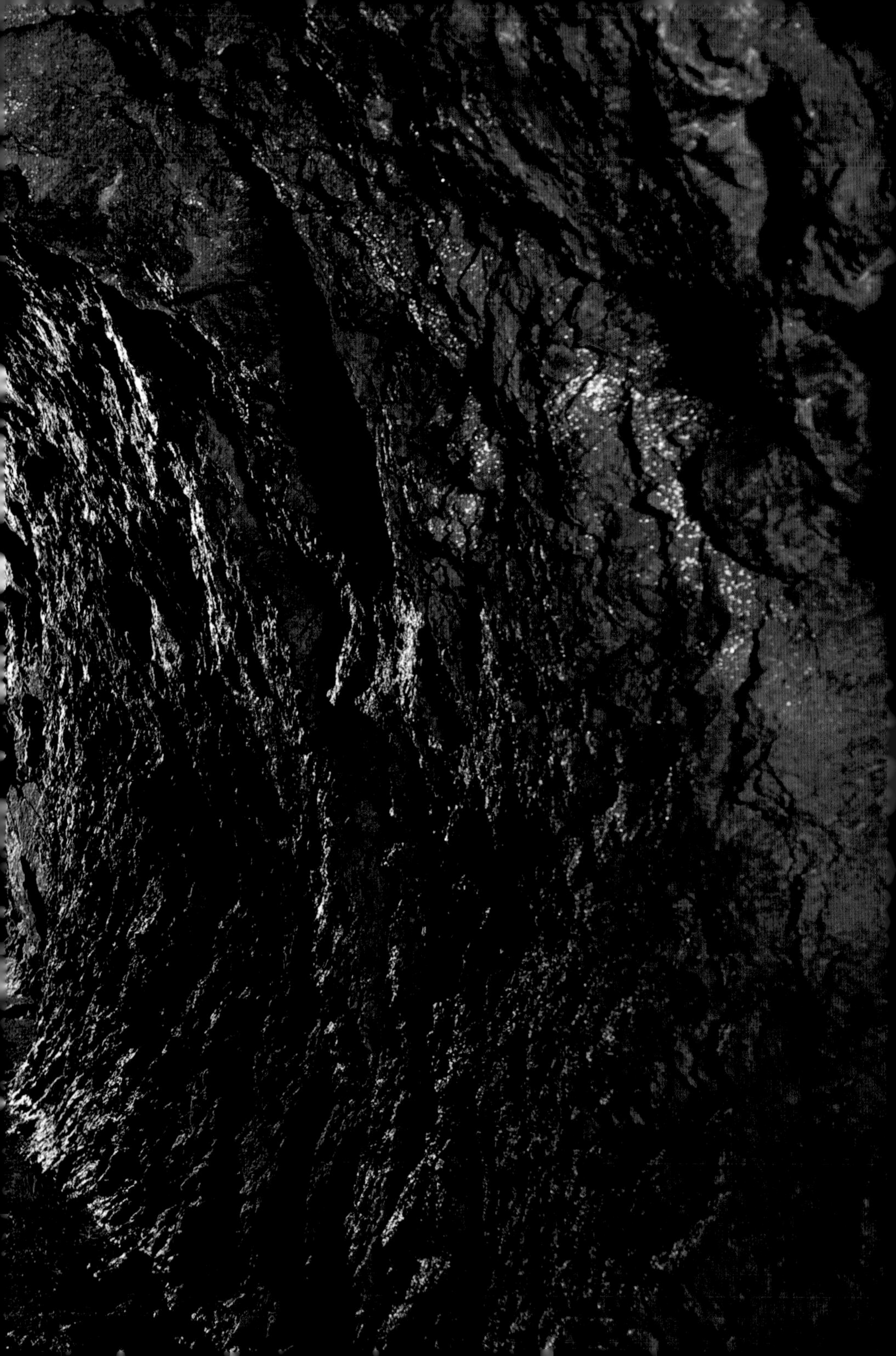

鶴子銀山の大滝間歩坑内。撮影：西山芳一

江戸時代の鉱山

慶長八（一六〇三）年、佐渡代官に赴任した大久保長安*は、金銀山の管理と島民支配の拠点として鶴子から相川に陣屋を移し（後の佐渡奉行所）、交通路や同職種の者を集住させる町割、物資を搬入するための港の整備など、金銀山経営に必要とされる様々な資本整備を行って、鉱山町としての相川の骨格が形成された。

一七世紀前半の鎮目惟明奉行*の在任中に、金銀山は最盛期を迎え、人口約四～五万人と推定される我が国屈指の鉱山都市が誕生（石見銀山では最盛期の人口を一～二万人と推定している）することとなった。さらに、元和七（一六二一）年に後藤座から手代が相川へ派遣されて後藤役所が建てられ、小判の製造が開始された。ここに鉱石の採掘から金銀の獲得を経て、小判の製造まで一貫して相川の鉱山域で行うという、日本国内のみならず、世界的にもほとんど例を見ない金生産システムが佐渡に確立された。

一七世紀中～後半になると、坑内の採掘現場が地中深くなり、坑内の排水が課題となった。山師たちは、寸法樋*や水上輪*など、新しい排水器具を導入することによって効率化を図ったが、排水に多額の費用がかかるようになり、鉱山経営は次第に圧迫されていった。このような状況のなか、荻原重秀奉行*は、金銀山へ多額の投資を行い、元禄四（一六九一）年から五年を費やして金銀山の地下から海岸付近までの全長約一キロメートルに及ぶ排水坑道（南沢疎水道）を掘削させた。この疎水道の完成により、水没していた坑道内の鉱石採掘が可能となった。

一八世紀半ばの石谷清昌奉行*は、相川に散在していた買石《かいいし》（精錬業者）の勝場《せりば》（選鉱

大久保長安（おおくぼ・ながやす）
佐渡代官。慶長八～一八（一六〇三～一三）年に在任。「直山制」と呼ばれる奉行所直営の経営形態を取り入れた。

鎮目惟明（しずめ・これあきら）
佐渡奉行。元和四～寛永四（一六一八～二七）年に在任。

寸法樋（すぽんどい）
スポイトの原理を利用した排水器具。

水上輪（すいしょうりん）
アルキメデスの原理を利用した排水器具。後に農地への水利に利用された。

荻原重秀（はぎわら・しげひで）
佐渡奉行。元禄三～正徳二（一六九〇～一七一二）年に在任。勘定奉行を兼任し、積極的な投資によって鉱山経営を支えた。

石谷清昌（いしがや・きよまさ）
佐渡奉行。宝暦六～九（一七五六～五九）年に在任。

所）・床屋（製錬所）を廃し、奉行所内に寄勝場《よせせりば》を設けて買石たちを集め、選鉱・製錬作業に従事させた。これは、工場制手工業の原形となる画期的な出来事であった。

また、安永六（一七七七）年からは無宿人《むしゅくにん》*が水替人足として相川へ送られてきた。これは、江戸市中に増加していた無宿人を佐渡へ送ることにより、江戸の治安回復と鉱山人足の不足を補おうとするものであった。水替作業は、隔日交代の一昼夜勤務で、絶えず釣瓶などで水を汲み上げる重労働であった。

一八世紀後半以降の約八〇年間は、新鉱脈の発見もなく、鉱山は徐々に衰退の一途を辿った。金銀山の衰退により、相川の人口も減少し、上相川の家数は、寛政六（一七九四）年にはわずかに三〇軒を数えるのみとなった。鉱石品位の低下と坑道の水没はその後も続き、結局長期的な鉱山の衰退傾向に歯止めがかかることはなかった。

明治～昭和時代の鉱山

明治政府は、明治二（一八六九）年に相川金銀山を官営「佐渡鉱山」とした。鉱山に御雇外国人*を派遣して西洋技術の導入を図り、近代的な施設・設備が整えられた。明治一〇（一八七七）年には金属鉱山としては日本初の西洋式垂直坑道となる大立《おおだて》竪坑が完成した。一方、西三川砂金山は砂金産出量の減少により、明治五（一八七二）年に閉山となった。

明治時代初期に外国人技術者たちの指導をもとに佐渡鉱山は近代的な鉱山へと変貌をとげたが、明治一四（一八八一）年に最後まで残っていた御雇外国人が離島した後は、日本人技術者による鉱山の開発が進められた。明治一八（一八八五）年、大島高任*が初代鉱

無宿人（むしゅくにん）
地方の農村などから都市部へ出てきた戸籍を持たない人。江戸や大坂などの都市部の治安維持を名目に佐渡へ送られた。

御雇外国人
明治政府に雇われた西洋人技術者。佐渡鉱山には明治二～一四（一八六九～八一）年の間にイギリス・アメリカ・ドイツから七人の技術者が来島した。

大島高任（おおしま・たかとう）
南部藩出身の鉱山技術者。西欧の鉱業を視察し、当時の鉱業界の第一人者であった。佐渡における近代化に尽力し、その功績をたたえて高任神社が建立された。

昭和初期に建設された北沢浮遊選鉱場。昭和27（1952）年の鉱山縮小で閉鎖、建物の上屋は撤去された。撮影：西山芳一

佐渡鉱山大立捲揚室内に残るコンプレッサー。撮影：西山芳一

山局長として赴任すると、高任竪坑の開削、選鉱場や間ノ山《あいのやま》搗鉱場*の新設、北沢製錬所の拡張、大間《おおま》港の築港など、更なる近代化と施設拡張が進められた。この際、北沢製錬所の拡張に伴う残土が架空索道によって大間港へ運搬され、湾の埋立てに利用された。また、大間港の堤防や護岸は、人造石工法*で築港され、数棟のレンガ造り倉庫が建設された。明治二一（一八八八）年にはドイツのベルグパラーデを模した鉱山祭を挙行し、現在に引き継がれている。明治二二（一八八九）年に、鉱山が皇室財産として御料局の所管となると、鉱山支庁長となった渡辺渡*によって鉱山学校が開校され、技術者の育成が図られた。

明治二九（一八九六）年、鉱山が三菱合資会社へ払い下げられると、道遊坑の開削や北沢青化製錬所の建設など設備の拡張・充実が図られた。また、併せて電力設備の整備が行われ、北沢や戸地《とじ》で発電所の建設が行われた。こうして明治時代以降新しく導入された西洋の鉱山技術は日本人技術者による改良を加えて発展し、佐渡鉱山は国内の「模範鉱山」として他の金銀鉱山をリードした。

昭和一二（一九三七）年に日中戦争が始まると、翌年には金銀銅などの大増産を目的とする「重要鉱物増産法」が公布され、佐渡鉱山も国策による大増産運動が進められることになった。採鉱では、大立竪坑櫓が木造から鉄骨造へと建て替えられるとともに、岩盤をくり抜いた坑内に捲揚室が移設された。また、選鉱では、高任地区に粗砕場と貯鉱舎が建造された。さらに北沢地区に新設された浮遊選鉱場は「東洋一の規模」とうたわれ、ここで金銀を回収し、製錬のために直島製錬所へ運ばれた。浮遊選鉱は、本来銅の選鉱・製錬工程で利用されたものであったが、佐渡鉱山では金銀の回収への応用について研究を重

搗鉱場（とうこうば）
搗鉱機を使用して金鉱石を破砕するとともに水銀を添加し、金銀をアマルガムとして抽出する製錬方法。

人造石工法（たたきこうほう）
消石灰と骨材としての種土を水で練ってたたき固めた「たたき」を護岸などの土木工事に応用したもの。

渡辺渡（わたなべ・わたる）
ドイツのフライベルク鉱山学校へ留学し、帰国して東京帝国大学教授となった鉱山技術者。大島高任の要請で佐渡鉱山局技師となり、後に御料局佐渡支庁長となった。

昭和13（1938）年頃の北沢浮遊選鉱場。月間5万トンの鉱石処理能力を誇った。写真提供：株式会社ゴールデン佐渡

佐渡
N
小田銀山
大佐渡山地
田野浦銀山
入川銀山
金剛山
立島鉱山
孫次郎鉛山
白瀬銀山
鹿野浦鉛山
タダラ峰
両津湾
戸中鉛山
戸地鉱山
片辺鉱山
金北山
1172m
北狄銀山
新潟
350
達者銅山
妙見山
両津港
小川銅山
白硫黄銀山
加茂湖
相川金銀山
平清水鉱山
相川
真光寺鉱山
西五十里道
鶴子銀山
茶屋平金山
湯上銀山
佐渡市役所
大浦鉱山
新穂銀山
野坂鉱山
国中平野
相川往還
二見鉱山
稲鯨鉱山
清水寺越え
滝脇銀山
大地山
柿野浦木金山
背合銀山
645m
大須三貫目銀山
大須銀山
岩首木金山
小立大須銀山
小佐渡山地
花見沢銀山
経塚山
岩首鉱山
大立鉱山
松ヶ崎木金山
田切須銀山
西三川砂金山
赤泊道
相川往還
笹川〜赤泊道
天狗塚鉱山
赤泊港
寺泊
小木港
直江津
凡例
金山・銀山
砂金山
その他鉱山（銅山・鉛山）
0
5km
10km

佐渡島内の鉱山分布図

ね、金銀の選鉱工程における浮遊選鉱法の応用は、世界の中で佐渡鉱山において初めて行われたものであり、革新的な技術であった。これらの増産政策により、金の生産量は飛躍的に増大し、昭和一五（一九四〇）年には、年間一五三七キログラムの生産を達成した。

しかし、戦局の悪化にともない、海外からの経済封鎖が始まると、昭和一八（一九四三）年、金に代わって、銅などの戦時物資を優先して生産することを目的とした「金山整備令」が公布された。他の金鉱山が閉山するなか、佐渡鉱山は鳥越坑からの銅産出があったために銅山として稼働できたが、製錬事業の中止と施設・設備の供出を余儀なくされた。

昭和二〇（一九四五）年に終戦を迎えた後も戦争中の無計画な増産の影響で、鉱山は活況を取り戻すことができず、昭和二七（一九五二）年には大縮小を断行し、五〇〇人余りいた従業員を五〇名弱まで削減した。これにより、北沢浮遊選鉱場や高任竪坑が閉鎖され、海面下の坑内採鉱場はすべて水没した。昭和五二（一九七七）年には戸地川水力発電所が閉鎖された。その後も有望な鉱脈が見つからず、平成元（一九八九）年、佐渡鉱山はついに操業を休止した。

［文・宇佐美 亮］

註

1 『今昔物語集』巻第二六、『宇治拾遺物語』巻四ノ二に、佐渡国での砂金採取説話が所収されている。
2 海上を船で航行中に光る山を発見し、山を探索したところ銀を発見したという伝承が伝わっており、その発見譚は石見銀山との類似性が認められる。
3 「運上入札制」という一定期間の採掘権を入札によって決定する制度を導入し、資金さえあればどのような身分でも鉱山開発が可能とした。

目次

第一章　佐渡金山の概要

日本の鉱山研究と佐渡金銀山遺跡

萩原三雄

はじめに

わが国の金銀山遺跡の調査研究は、長い間の低迷状況を脱してようやく活発化しようとしている。世界遺産に登録された石見銀山遺跡や登録をめざしている佐渡金銀山遺跡をはじめ、戦国時代の金山として著名な甲斐金山遺跡の調査研究が原動力になってきたのであるが、これらの先行している遺跡群の研究に触発されるように、南九州の諸金山の研究や北海道・東北地方の研究もまた徐々に深化しはじめてきた。

古代以降、中世や近世の永い年月のなかで、日本列島を舞台に展開されてきたこうした金銀山に対する産金（金の産出）活動は、日本の政治経済諸般にわたって重要な役割を果たしてきたことは改めて述べるまでもないが、意外にもその実相は明らかにされてはいない。金銀山に対する調査研究は、これまではおもに文献史学や鉱山史の立場からなされ厚みのある研究実績もあるが、一九八〇年代以降に積極的に参入してきた考古学による調査研究によって、たとえば遺跡の規模や開発の動き、鉱山内で展開された具体的な各種の技術や鉱山従事者の生活全般の様相など、豊かで奥の深い金銀山の世界が浮きぼりにされてきたのである。

いま、わが国の金銀山遺跡の調査研究のなかで、もっとも燃えているのは佐渡金銀山遺跡であろう。古代以来の永い鉱山開発の歴史がしだいに明らかになり、また中近世における大規模な操業の実態、各種鉱山技術の展開、さらに近代の国家的規模による操業の様子など、鉱山遺跡のさまざまな局面を余すところなく伝えているからであろう。それらが、近年の新潟県や佐渡市が一体となった積極的な調査研究活動によって、急激に浮かびあがってきた。これほどまでに金銀の生産の歴史や技術体系の総体を明らかにし得たところは、世界的にみても珍しい。

本稿では、列島上に広く展開された日本の金銀山遺跡のなかで、佐渡金銀山遺跡はいったいどのような史的位置にあるのか、その意味合いは何かを、改めて考えてみることにしたい。

一　日本の鉱山遺跡の調査研究の現在

調査研究の略史

金銀をはじめとする鉱山遺跡に関する調査研究は、それほど厚い研究実績があるのではない。遺跡に対する考古学の本格的な参入は、すでに述べたように、一九八〇年代以降のことである。それ以前にも、東北・北海道地域において、開発に伴う金採取関連の遺跡の発見と調査がなされてはいたが、金山全般にわたる総合研究までには及んでいない。一九八〇年代後半ごろから始まった今村啓爾氏らによる甲斐黒川金山遺跡に対する総合学術調査は、その意味でもわが国の鉱山遺跡研究の大きな画期をなしたものであった【註1】。考古学や文献史学のほか、民俗学などの諸学を結集し、多方面から鉱山遺跡に対し光を当てた研究手法は、その後の鉱山遺跡研究に道筋をつけたものにもなったのである。時をおかずして甲斐湯之奥《ゆのおく》金山遺跡の総合調査も開始され、この両遺跡によって日本のとくに戦国期金山の実態がかなり明るみになってきた。

しかし、人里から遠く離れた奥深い山中に眠る鉱山遺跡の調査には、並大抵でない苦労が伴う。とくに甲斐金山遺跡の場合には、遺跡にたどり着くまでが容易ではなく、標高も高く、まさに調査員らは体力との勝負でもあった。それだけに、遺跡自体は良好なかたちで遺存されており、戦国期や近世初期の金山世界が眼前に広がっていたのである。

石見銀山遺跡も地元島根県大田市を中心に地道な調査活動が永年行われていたが、世界遺産への登録に向けた活動のなかで、本格的な学術調査が展開され、さまざまな成果があがってきた。仙ノ山を中心に開発された中世後期の遺構群が良好なかたちで確認され、建物遺構や坑道跡、露頭掘り跡など往時の操業の実態を示すさまざまな遺構群が検出され、石見銀山での操業実態の解明に向けて研究は大きく前進した。灰吹法のための灰が充塡している鍋も発見され、銀の抽出方法の一端も明らかになった。

佐渡金銀山遺跡の調査研究も甲斐金山遺跡や石見銀山遺跡の学術調査に触発されるようなかたちで、急速に進展した。古代から断続的に、あるいは連綿と続いた佐渡金銀山では、のちに詳述することになるが、鉱山操業に関わるさまざまな遺構群が発見されている。なかでも織豊期ごろに成立したと推定される上相川の鉱山都市遺跡などは、この時期の列島上ではみることのできない他を圧倒する遺跡となっている。上相川の都市遺跡をみるだけで、いかに佐渡金銀山の規模が大きく操業が卓越していたかがわかるであろう。

鶴子銀山や新穂銀山の両遺跡で展開された露頭掘り跡も、規模が大きく、壮観である。おそらく初期の鉱山開発はこうした技法によって開始されたにちがいなかろう。江戸時代中期に佐渡奉行所に併設された寄勝場（後述）も他ではみることのできない遺構群である。わが国の奉行所などに鉱山関係のいわゆる工場が付設されているところはなく、さすが佐渡である。これものちに詳しく説明されるであろう。

この奉行所からは「焼金法」のための遺構群が検出されている。塩を利用し金と銀を分離する技術は、四〇パーセントもの銀が含まれている佐渡の鉱石の精錬には必須の技術である。日本どころか世界でもあまり類例を知らないこうした技術が明らかにされた点は、佐渡金銀山の総体を把握するうえで、きわめて大きな意義をもつ。

もうひとつ特筆すべきは、鉱山臼製作のための石切場跡の存在である。初期の鉱山での鉱山臼はふつう、その材料は鉱山遺跡の現場で調達され、いわば自給自足状態で製作されているのであるが、佐渡金銀山では専門の石工が早くから登場し、石材を選択し、製作していったようである。鉱山臼作りにまで専門の職人集団が登場し、分業化も早くからなされていたのも、佐渡金銀山の特色である。

鉱山の態様と開発

鉱山の開発に至るまでには、長い技術的な道のりがある。古代以来、列島上で広く展開されてきた金の採掘は、川金、すなわち川底などに堆積していた砂金である。また、川底などに堆積した金が、長い年月の間に、河岸段丘上や山野にとり残された状態になったものは柴金と呼ばれているが、金の採取はこの川金と柴金を対象になされていたのである。とくに、柴金については水の獲得さえ克服できれば、川金よりはるかに大量の金の入手が可能となる。

川金及び柴金の採取という永い年月を経て、やがて山金の開発の時代に突入する。鉱山開発の始まりである。川金や柴金よりもはるかに埋蔵量が多い鉱山の開発に移行するのは自然の成り行きであるが、しかしその分、さまざまな技術を必要とした。

それではいったいいつごろ山金の開発が始まるのであろうか。山金開発の時期やそのころの様相を把握するのは現段階ではむずかしいが、甲斐国の戦国期の重要な史料である『王代記』の明応七（一四九八）年条に以下のような一文があり、その示唆するところは興味深い。

「此年八月三日夜、大雨大風、草木折、同廿四日辰剋、天地震動シテ国所々損、金山クツレ、カヽミクツレ、中山損」

この記録は甲斐国窪八幡神社の別当であった上之坊普賢寺の僧侶が記したものであるが、これによれば、すでに一五世紀末ごろには山金の操業がなされており、明応の大地震によってこの「金山」が崩壊したことが読みとれる。「金山」とはおそらく近在にある甲斐黒川金山であり、このころには黒川の地で山金の開発がなされ稼業していたことがわかる。

さらに、考古学による近年の調査成果からも、開発年代は明らかになってきた。さきに示した黒川金山遺跡と湯之奥金山遺跡の学術調査では、遅くとも一六世紀前半ごろの陶磁器類が少なからず出土し、甲斐国内の金山ではそのころに山金の開発が確実に開始されていたことが示されている。この文献史料と考古資料の二つの史資料から、およそ山金開発は遅くとも一五世紀末頃には開始されていたとほぼ認めてよいであろう。

稼業の実態

ところで、金山開発初期の稼業はどのようであったのだろうか。甲斐湯之奥金山遺跡の調査では、やせ尾根上に広がっている露頭掘り跡が多数確認されている。こうした露頭掘り跡は比較的初期の鉱山遺跡で発見されており、たとえば長野県茅野市に所在する金沢金山では広範囲に展開し、その痕跡がこんにちでも良好に残されており、岩手県盛岡市郊外の朴木《ほうのき》金山（紫波町）でも尾根上を中心に延々と露頭掘り跡が広がっている。こうした露頭掘り跡は列島上の鉱山跡に普遍的に存在することから、開発の初期ではごく一般的であったようである。

この露頭掘りによる採鉱の時期を経て、やがて鉱脈そのものを追う「樋追い掘り」へと、さらに「横相」と呼ばれる本格的な坑道掘りへと展開していくことになる。こうした採鉱技術の発展過程を示す痕跡も列島上の鉱山遺跡の随所で散見されているが、しかし問題は、それぞれの採鉱技術がいつごろどのような経緯によって開発され、あるいは互いにどのような相関関係をもって展開していったのかであろう。この点に対する研究は、残念ながらこんにちでは必ずしも明らかになっていない。

採鉱された鉱石はそののち粉砕される。この段階で必要な道具は鉱山臼であった。金ばかりではなく銀銅など前近代の鉱山には必須の道具となっており、この粉砕技術は「粉成《こなし》」と呼ばれている。この採鉱から粉成までの工程は、川金や柴金採取の時代にはまったく存在しなかった技術であり、鉱山開発に伴って新たに導入されたものであった。

粉成技術に用いられる鉱山臼には、「搗《つ》く・磨る・回す」の三つの態様があり、それぞれに対応するように搗き臼・磨り臼・挽き臼が存在する。これらの鉱山臼は各鉱山における鉱石の質などにつよく影響され、けっして一様ではなく、それぞれの鉱石に適合した鉱山臼が採用されていった。たとえば、佐渡金銀山で普遍的にみられる巨大な上臼は、佐渡金銀山の金鉱石がきわめて硬質であったことを端的に示しているし、いっぽう石見銀山の場合、挽き臼はほとんどみられず、「要石《かなめいし》」と呼ばれている一種の搗き臼が主体となって粉成が行われており、これは石見銀山の銀鉱石が脆く、これで十分粉成できたことを意味している。

粉成された鉱石はそののち、精錬される。この技術に関する研究は近年精力的になされ、いわゆる「灰吹法」「焼金法」などの技術もしだいに明らかになってきた。鉛を用いる灰吹法や金銀分離のための焼金法など、研究の進展が著しい。

ここで特筆すべきは、灰吹法ではない、鉛を必要としない技術が存在した点である。とくに甲斐金山を中心に、金が付着した小型の素焼きの土器、いわゆる「かわらけ」が発見されているが、この土器を用いて単に加熱のみで碁石状を呈した金の塊を製作していたことである。これは、「溶解」とも表現すべき技術であろうか。工程はきわめて単純であるが、しかしこれで

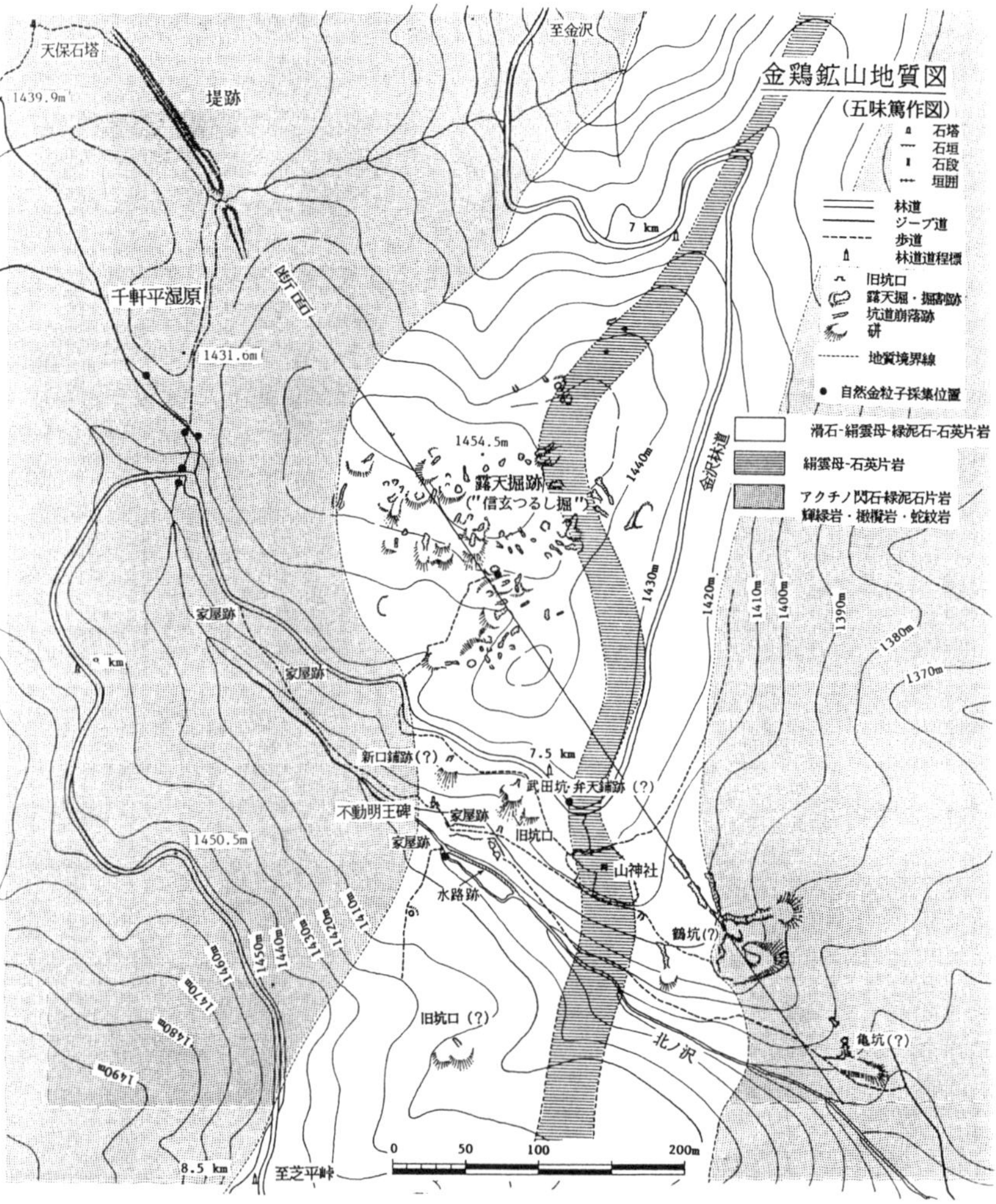

茅野市金沢金山における露頭掘り跡(『信州金澤の歴史』より転載)

十分であったとは、驚きである。甲斐黒川金山遺跡や、信濃川上村梓久保金山遺跡などでは、この作業で使用されたかわらけが多数確認されている。

このように、それぞれの鉱石から金銀などの有用鉱物を抽出する技術も鉱山ごとに工夫がこらされ、けっして一様でなかったことがわかろう。

二　佐渡金銀山の世界

川金・柴金・山金

佐渡金銀山はわが国で最も規模が大きく、かつ操業年代も最も永い鉱山である。列島上に展開された鉱山のなかで、この佐渡金銀山に質量ともに匹敵する鉱山はないであろう。したがって、佐渡金銀山において、歴史上展開されてきたさまざまな鉱山技術には、特筆すべき点に事欠かない。以下に、佐渡金銀山を舞台に展開された歴史とその史的意義などを考えてみたい。

古代佐渡での産金活動の記録は、まず平安時代後期に成立をみた『今昔物語集』第二六巻第一五話のなかにあらわれる。能登の製鉄集団による砂金採掘の話である。すなわち、これに比定されている西三川《にしみかわ》砂金山での開発は近代まで続き、およそ千年にわたる永い歴史をもっていることになる。この西三川の砂金採掘は、日本有数の規模を誇り、命脈も永く、しかも操業方法も画期的であった。こうした砂金は、すでに述べてきたように、史料中では柴金という名称で登場するのであるが、この稼業には水の確保が必須であり、西三川砂金山の場合では、驚くべき長さの水路が建造されている。むろんそのためには測量技術など高度な技術も駆使されている。山金に対する操業ばかりではなく、こうした砂金採掘にも意を注いでいるのが、佐渡の特徴であろう。

柴金の研究は、始まってからまだ日が浅く、列島上の至るところで展開されていたのにもかかわらず、実態はほとんど未解明である。かつて静岡県の宮本勉氏は安倍川や大井川の中上流域で展開されていた柴金の調査をくりかえし行い、その全容解明に意を注いできたが、その研究がひとつの契機になってにわかに柴金に目が向けられるようになったのである。しかし、生産遺跡にとかくありがちなように、操業年代やその具体的なありようなど柴金関係遺跡から得られる情報はあまりにも少なく、研究課題が山積しているのも、また事実である。たとえば、北海道今金町の美利河《ピリカ》砂金採掘跡などもきわめて規模が大きく、この柴金関係遺跡も佐渡西三川砂金採掘跡に劣らずわが国有数の遺跡であるが、さまざまな課題を残している。そうした意味からも、西三川砂金山において明らかにされてきた多くの研究成果は、これら全国の柴金研究に大きな影響を与えることになろう。

西三川の砂金採掘跡とは別に、露頭掘り跡も規模が大きい。とくに、鶴子銀山遺跡と新穂銀山遺跡では現在でも往時の姿を良好にとどめており、これもまた佐渡金銀山の誇るべき歴史遺産の一つになっている。しかしこの露頭掘り跡の遺構群がいつごろどのような技術によって採掘されていたのかは、柴金と同様に、なお今後に残された研究課題であるが、このいわゆる酸化富鉱帯を露頭から採掘していったこの段階の鉱石はかなり脆く、しかし純度は高く、生産効率はけっして高いとは言いがたいものの、良質の鉱石を得ることができたにちがいない。もちろん、著名な相川金銀山の道遊の割戸なども巨大な露頭掘り遺跡の一つである。

相川金銀山の開発

鶴子銀山の開発操業に続いて、相川金銀山の開発が始まったとされている。その初期の開発拠点になったのは、上相川地域に現在でも良好なかたちで残る鉱山町であった。この鉱山町に対する本格的な調査研究は近年始まったばかりであり、全容の解明にはなお相当の年月を要するのであるが、規模は大きく、かつ整然とした街路と町割りをもつ姿に、佐渡金銀山の凄まじさをみることは容易であろう。成立に至る確定的な年代観はいまだ得られていないが、かりに中世末頃から近世初期ごろに建設されたとすれば、わが国で唯一の、まさに驚くべき計画だった鉱山町の出現であり、ここにも佐渡の、他を寄せつけないすごさをみることは可能である。この町づくりには佐渡初代奉行の大久保長安らの直接的な関与があったことはとうぜんであるが、この時期にこのような本格的な鉱山町が設定されたこと自体、為政者側の佐渡金銀山への期待の大きさをうかがうことができる。

佐渡奉行所も慶長八（一六〇三）年に大久保長安によって開設されている。この奉行所には、江戸中期に寄勝場という選鉱や製錬に関わる鉱山専用の工場が併設されている。奉行所に鉱山関係の工場が設けられるというのは、佐渡以外にはとうぜんになく、このこと自体も、佐渡での金銀山開発がきわめて重要視されていた証拠である。奉行所の厳重な管理下において、選鉱作業や製錬等が組織的に行われた様子は、発掘調査の成果や佐渡金銀山絵巻などからもうかがうことができるが、奉行所は佐渡金銀山の支配と経営が国家的になされていたことを示す象徴的存在でもある。

この奉行所内からきわめて重要な遺構群が出土している。焼金法に関わる施設である。さきに述べてきたように、佐渡の金鉱石は銀が大量に含まれており、灰吹法とは別に、金銀分離のための技術工程が必要とされる。遺構群はそのための施設であり、細長い窯状施設や小型であり鉢状の窯跡などが残る。全国的にも類例はなく、世界的にみてもきわめて珍しい施設であるが、佐渡金銀山での、とくに精錬工程上では欠くことのできない施設であった。この施設による作業工程は、佐渡金銀山絵巻の中に詳細に描かれており、技術上の工程のあらましは、微細な部分を除いて、かなり復元可能である。ただし、この焼金法に関わる施設がいつごろのものか、奉行所とどのように関係するかなど、今後さらに解明しなければならない研究課題も少なくはない。なお、この焼金法による技術工程は、鉱石の中に銀が二〇パーセント以上含まれるいわゆるエレクトラムにとっては必須の工程であり、今後佐渡金銀山をはじめ世界各地の類似の鉱石を産する鉱山では、かなり発見される可能性がある。金銀山に関わるいわば冶金技術の解明のために、佐渡金銀山のこの遺構群は世界から注目される存在となっている。

ところで佐渡金銀山では、金銀山絵巻と総称されるべき絵巻類が多量に存在している。佐渡金銀山で行われているさまざまな技術や作業風景等がリアルに描かれているもので、佐渡金銀山の最大の特色となっている（本書第三章参照）。描かれた時期は江戸時代中期から近代に至るまでで、絵巻を詳細に追えばとうぜんに佐渡金銀山での技術展開も読みとれる。時期ごとに佐渡金銀山での技術展開を克明に記録しようと意図した一種の技術書であるが、これほど仔細に、また鮮明に描かれたものはあまりないであろう。佐渡金銀山の経営に参画し、稼業を行っていた奉行や鉱山経営者らにとって、その時々の技術の風景を記録していくことは、新たな経営戦略を進めるうえで、必要に迫られた行為であったにちがいない。佐渡金銀山への思いの強さがこれらの多量な絵巻類に含まれていよう。

ここで、見逃すことのできない遺跡がある。鉱山専用の石切場遺跡である。

この遺跡は上臼の石材を調達した吹上海岸石切場と下臼の石材供給地の片辺・鹿野浦海岸石切場という二つの石切場遺跡で、いずれも近年国史跡に指定をされたものである。鉱山の操業にあたり、粉成の工程は必須であることはすでに述べてきたが、この工程に必要な道具は、前近代では、石材によって作られた各種の鉱山臼である。佐渡金銀山では、鉱石が硬質なために、とくに上臼は大きくて重いものを使用している。上臼の重みで鉱石を粉成しているのであり、この作業風景はさきに述べた鉱山絵巻にもかなり重要な場面として詳細に描かれている。

このようないわば専用の石切場が確保されていた鉱山は、全国的にまだ類例はない。しかも、ここの石切場は二か所あり、それぞれ上臼と下臼の石材を分けて供給していたことに特徴がある。これらの「石磨《いしうす》」と称されている佐渡の挽き臼については、上下で異なる石材が用いられていることは、以前からよく知られていたのであるが、しかし何故に上下で使い分けていたのかはなお研究を重ねる必要がある。使い分けなければならない理由がとうぜんあったのであろう。佐渡金銀山には開発の早い段階から、専門の石工が存在していたことは述べてきたが、高度な技術を追い求めた彼らの知恵の結晶でもあったのだろう。

おわりに

以上述べてきたように、佐渡金銀山はわが国ではトップクラスの規模と永い操業期間をもち、かつ多様な技術を駆使することによって金銀の生産に邁進してきたわが国が内外に誇るべき産業遺産である。前近代から近代に至るまでに佐渡を舞台に展開されてきたさまざまな営みは、いま多様な遺跡群として良好なかたちで残されている。こうした遺跡群に対して近年、積極的な調査研究活動が行われ、鉱山のみでなく、従事した金掘りらの風俗習慣まで含め、豊かな鉱山世界が浮かびあがってきた。

これほどまでに克明に、とくに前近代における鉱山の世界が明らかになっているのは、日本はおろか世界でもあまり例がなかろう。金は、人類共通の資源である。人類は金を求めて奔走し、また金に普遍的な価値を見出してきた。その金の生産の場が、産業遺産であり、佐渡の金銀山はその代表格として、また人類共通の文化遺産として世界に躍り出ているのである。

註

1 学術調査の成果は研究論文の他に一般書でも紹介されている。今村啓爾『戦国金山伝説を掘る　甲斐黒川金山衆の足跡』（平凡社選書、一九九七年）は、戦国期金山で著名な黒川金山と鉱山町「黒川千軒」を、原生林での悪戦苦闘の発掘調査で解明していく記録。

引用・参考文献
萩原三雄編『日本の金銀山遺跡』高志書院、二〇一三年
佐渡市・新潟県教育委員会編『佐渡金銀山絵巻：絵巻が語る鉱山史』同成社、二〇一三年

今に残る佐渡鉱山の遺産群

宇佐美 亮

はじめに

新潟港から約六七キロメートル離れた日本海に浮かぶ佐渡島*。多様な岩石や鉱物を産出する島であり、その中でも特に「金銀」を産出したことで知られる。

島には、約二千万年前頃の火山活動によって形成された大小一四の金銀鉱床が分布しており、約五〇か所の鉱山があるとされている。なかでも最大の鉱床がある相川金銀山は、大規模な鉱脈群を形成する、国内では最大規模のものである。さらに西三川《にしみかわ》砂金山は、世界的にも珍しい国内唯一の埋没砂金鉱床*を持っている。この島の金銀採掘の歴史は、少なくとも一六世紀半ばから二〇世紀に休山するまでの四〇〇年以上にわたり、その間、金七八トン、銀二三三〇トンを産出している。

佐渡島
面積八五五・三四平方キロメートル、周囲の海岸線二八〇・七キロメートル、本州・北海道・九州・四国を除くと、沖縄本島に次ぐ大きさ。

埋没砂金鉱床
風化した鉱脈鉱床が流水などで浸食され、陸地から流れ出て堆積した砂金鉱床。

1 西三川砂金山		採鉱	五社屋山、虎丸山、立残山、山居山
		選鉱	砂金江道跡
		行政・管理施設	金山役宅跡 金子勘三郎家
		その他の施設（宗教施設）	大山祇神社・能舞台
		鉱山集落	笹川集落
2 鶴子銀山		採鉱	百枚平地区、屏風沢地区、大滝地区
		選鉱	鶴子銀山代官屋敷跡
		製錬	鶴子銀山代官屋敷跡・鶴子荒町遺跡
		管理施設	鶴子銀山代官屋敷跡
		鉱山集落	鶴子荒町遺跡
3 相川金銀山	安土桃山〜江戸時代	採鉱	道遊の割戸、父の割戸 宗太夫間歩、大切山間歩 南沢疎水道
		選鉱・製錬・管理施設	佐渡奉行所跡・鐘楼
		初期鉱山集落	上相川地区
		初期鉱山集落 その他の施設（宗教施設）	上寺町地区
		鉱山集落（まちなみ）	相川上町地区
		その他の施設（鉱山関連）	吹上海岸石切場跡 片辺・鹿野浦海岸石切場跡
	明治時代以降	採鉱 選鉱 製錬	大立地区、高任・間ノ山地区、北沢地区
		その他の施設（輸送）	大間地区（大間港・火力発電所跡） 鉱車軌道及びトンネル
		管理施設	御料局佐渡支庁跡・旧鉱山事務所
		鉱山集落（まちなみ）	相川上町地区
		その他の施設（動力）	戸地川第二発電所

佐渡鉱山の遺産群構成要素一覧表

西三川砂金山

西三川砂金山は、佐渡島の南西部、西三川川《にしみかわがわ》河口から約四キロメートル上流の西三川川と笹《ささ》川川《がわがわ》に挟まれた小佐渡山麓の丘陵部に立地する西三川砂金山跡と、砂金採取に伴って形成された笹川集落によって構成される。

砂金山は、平安時代末期頃から砂金採取が行われていたという伝承をもつが、遺跡として確認されているものは、虎丸山や五社屋《ごしゃや》山などの砂金採取のために山の斜面を掘り崩した採掘跡や水路・堤跡である。いずれも一六世紀末～一七世紀初頭から明治五（一八七二）年の閉山までのものと考えられている。この砂金山の特徴は、前述した埋没砂金鉱床と、「大流し」と呼ばれる砂金採掘システムで、含砂金層を掘り崩して水路に落とし、上流の堤に溜めた水を流して不用な土砂を取り除いたうえで、効率的に砂金を回収したものである。また、砂金採取に携わった人々は、閉山後、生業を農林業へ転換しながら集落を維持し、現在までその有様を伝えている。

二〇〇七年から行われた資料調査や現地調査によって、砂金採掘地のほかに採掘地へ向かう一〇か所の水路や溜池などの砂金採掘工程がそろった遺跡の全容が明らかになった。また、文化的景観の調査によって、絵図に描かれた集落形態が現在も維持されていることが判明している。現在、地域住民が主体となって案内板の設置や各種イベントが開催され、砂金山の周知や保存に向けた活動が行われている。

鶴子銀山

鶴子銀山は、佐渡島の西部、大佐渡山地丘陵部の標高五〇～四二〇メートル付近に立地する鶴子銀山跡の採掘域と、鉱山を管理するための鶴子銀山代官屋敷跡、鉱山集落があった鶴子荒町遺跡によって構成される。

銀山は天文一一（一五四二）年発見の伝承を持つ銀銅山で、石見銀山から灰吹法や横相などの鉱山技術が導入された鉱山とされている。天正一七（一五八九）年には上杉景勝の支配下に置かれ、鉱山に近接して代官所や鉱山集落が置かれる等、鉱山の組織的な管理が図られるようになった。鶴子銀山の繁栄は、佐渡島に山師や商人など様々な人を呼び寄せ、後の相川金銀山

西三川砂金山の虎丸山

地域住民による案内看板の設置

の発見・発展の先駆けとなった鉱山として評価されている。江戸時代には幕府の管理下にあり、明治維新後に官営化された後に三菱合資会社へ払い下げられて昭和二一（一九四六）年まで稼働した。

二〇〇二〜〇七年にかけて銀山の分布調査が行われ、六七五か所にわたる採掘跡（露頭掘り跡・間歩跡）と採掘域の全容が判明した。二〇一一年からは坑道内のロボット探査が実施され、江戸時代の絵図に描かれた坑道が現存していることが明らかとなった。また、二〇一〇〜一三年に実施された代官屋敷跡や荒町遺跡の発掘調査では、建物の柱穴や選鉱遺構・製錬炉が確認されており、一六世紀末から一七世紀前半の鉱山管理施設や床屋（製錬所）の様子が明らかになっている。今後、これらの調査成果をもとに一般公開に向けた整備が検討されている。

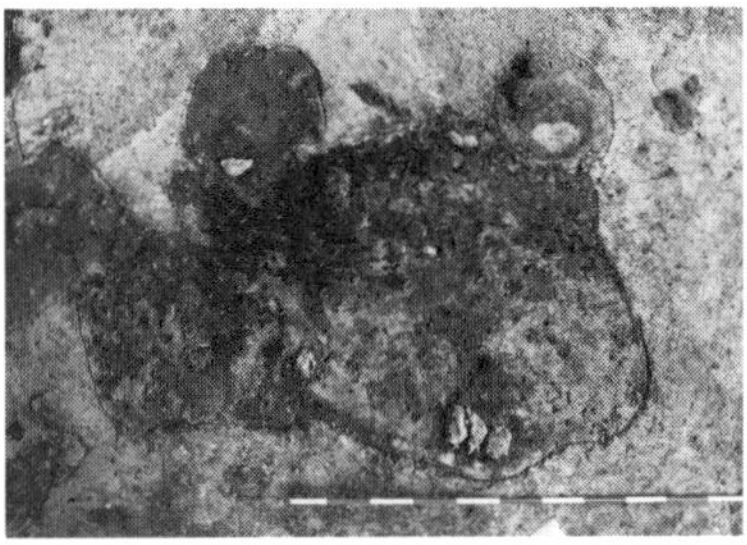

鶴子荒町遺跡で検出された製錬炉跡

鶴子銀山代官屋敷跡の発掘調査風景

鶴子銀山に残る大滝間歩

相川金銀山

相川金銀山は、佐渡島の西部、大佐渡山地丘陵部の標高七〇～三六〇メートル付近に立地する相川金銀山跡の採掘域と、大立・高任・間ノ山・北沢・大間・戸地の各地区に所在する明治時代以降の施設・遺跡、鉱山を管理するための佐渡奉行所や御料局佐渡支庁跡、鉱山を支えた上相川地区の集落跡・相川上町地区のまちなみ、上寺町地区などの宗教施設、江戸時代に鉱山で使用した鉱山臼の石材を切り出した吹上《ふきあげ》海岸石切場跡、片辺《かたべ》・鹿野浦《かのうら》海岸石切場跡によって構成される。

相川金銀山は、一六世紀末に鶴子銀山の山師によって発見された、国内最大の金銀山である。上杉氏から徳川氏に鉱山経営が移ると、奉行所が置かれて江戸から佐渡奉行が赴任し、幕府の財政を支える鉱山として位置付けられ、豊富な金銀生産量を背景に、相川では後藤役所での小判製造も行われた。明治二（一八六九）年に官営化され、さらに明治二九（一八九六）年に三菱合資会社へ払い下げられた後、一九八九年の休山まで、国内の中心的な金銀山として稼働した。

現存する遺跡を鉱山における工程（①採鉱、②選鉱、③製錬、④その他、⑤管理施設）ごとに見ると、江戸時代では、①道遊の割戸や宗太夫間歩（江戸期）・大切山間歩（江戸～昭和期）と道遊坑（明治～昭和期）などの採掘遺構群、②佐渡奉行所跡の寄勝場跡の選鉱遺構（江戸期）と高任貯粗砕場や北沢浮遊選鉱場、③佐渡奉行所跡の長竈等の製錬炉群（江戸期）と間ノ山搗鉱場や北沢青化製錬所など（明治～昭和期）、④戸地川発電所・大間港（明治～昭和期）、⑤佐渡奉行所跡（江戸期）と御料局佐渡支庁・旧鉱山事務所（明治～昭和期）がある。また、鉱山の発展に伴って各地から来島した人々により形成された上相川の大規模な集落跡と、そこから発展・拡大して形成された相川上町地区のまちなみや上寺町地区の宗教施設等が残されている。相川金銀山は、江戸～昭和時代に至る鉱山の痕跡が良好に残されていることに特徴があり、金生産システムの変遷を見ることができる。

相川金銀山の現地調査は、一九九四年から実施された佐渡奉行所跡の発掘調査を皮切りに本格化し、これまでに金銀山の採掘域（露頭掘り跡四五基・間歩跡一一三基を確認）や上相川・上寺町地区といった遺跡となった集落・寺町跡の分布調査、現存する明治時代以降の鉱山施設

のみ跡が残る南沢疎水道の坑内

上寺町地区に残る興禅寺跡の石段

道遊の割戸

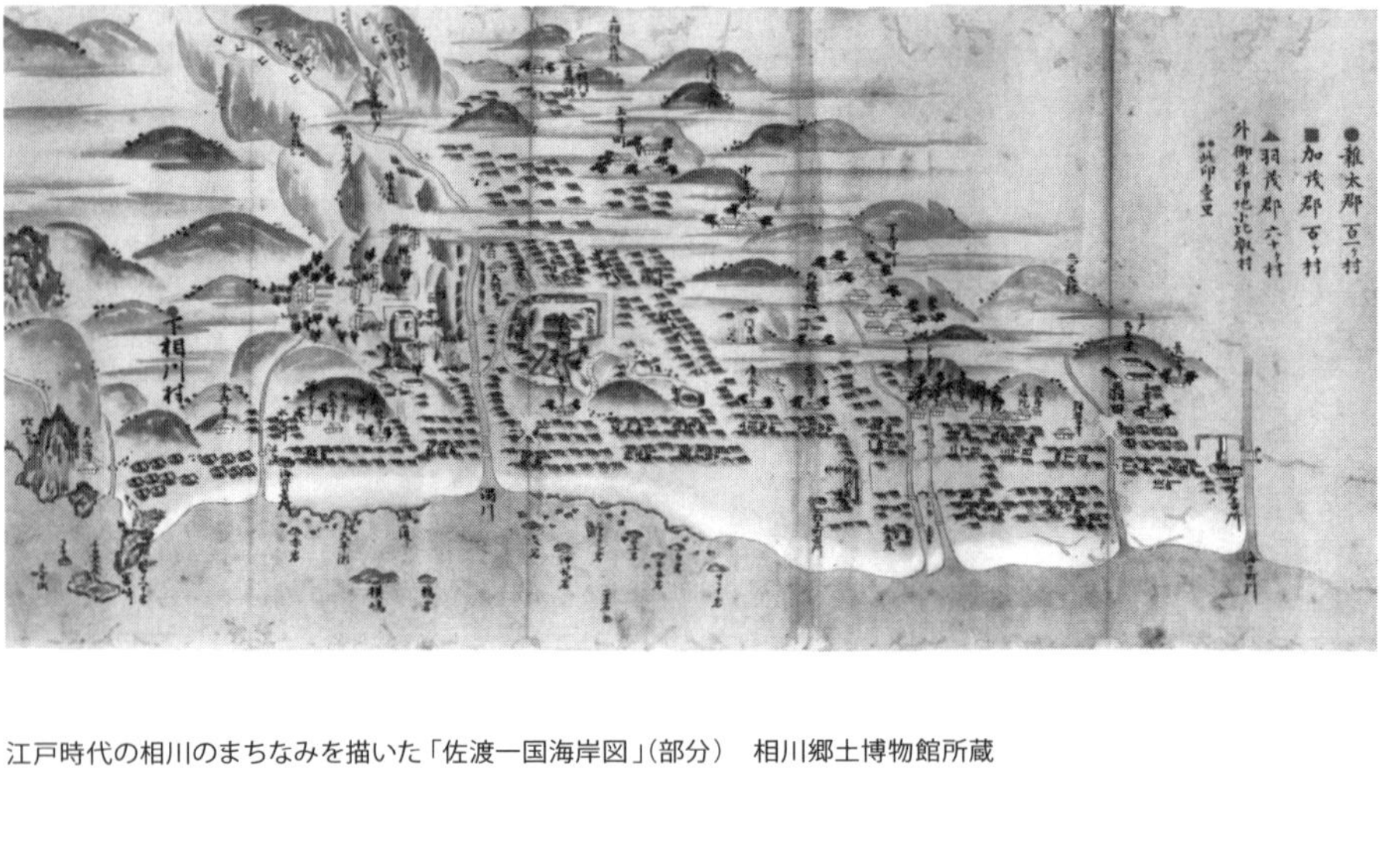

江戸時代の相川のまちなみを描いた「佐渡一国海岸図」(部分)　相川郷土博物館所蔵

復元された佐渡奉行所　撮影：モノクローム新潟

18世紀半ばの相川金銀山を描いた「銀山岡山絵図」　佐渡市所蔵

や鉱山町として発展した相川のまちなみの建物調査等が実施されている。佐渡奉行所跡の発掘調査では、役所の管理施設だけでなく、焼金法に関係する製錬炉跡（長竈）などの鉱山に関係する遺構も多く確認されており、これらの発掘調査成果や江戸時代の絵図をもとに建物が復元・公開されている。

また、上相川地区の分布調査では、約二〇ヘクタールにおよぶ整然と宅地造成が行われたかつての集落跡が確認され、金生産を行った社会の実態が明らかとなってきた。現在では、株式会社ゴールデン佐渡によって観光坑道のほかに大立竪坑や大切山間歩等の一般公開が行われているほか、相川のまちなみに残される住宅の修理や修景、大立竪坑櫓や高任粗砕場等の鉱山施設の保存修理のための調査が継続されている。

鉱山臼の石切場

吹上海岸石切場跡と片辺・鹿野浦海岸石切場跡は、相川金銀山での選鉱作業に使用する鉱山臼の石材を切り出した場所である。相川金銀山の鉱石が硬質であるため、上下の石臼（佐渡では鉱山臼のことを「石磨《いしうす》」と表記する）の材質を変え、選鉱に最大の効果を出すように工夫している。鉱山臼の上下で石材を変える方法は、佐渡独特のものである。

吹上海岸石切場跡は、相川金銀山の北方の海岸段丘崖下の海岸部の標高〇～二〇メートル付近に立地する。球顆《きゅうか》流紋岩を主体とする火成岩によって形成されており、これを上臼の石材に利用している。石切場は南北二か所に分かれ、この範囲の中で質の良い石材を求めて採石域が点在している状況にある。確認された遺構は矢穴*のほかに、のみ跡等の石材を切り出した痕跡が無数に残されている。

片辺・鹿野浦海岸石切場跡は、相川金銀山より北へ約一二キロメートル、外海府海岸沿いに所在する海岸段丘崖下の海岸部の標高〇～一〇メートル付近に立地する。当該地周辺は、島内で唯一、緑色凝灰岩中に花崗岩礫が含まれる堆積岩（礫《れき》岩）で、これを下臼の石材として利用している。石切場は南北二か所に分かれ、時代によって石切場の中心は南から北へ移動しながら採石が行われている。また、石材は同地で荒割の行程をへて下相川の石切町*に船で運ばれ、石磨に加工された。

二〇〇七年から実施された分布調査によって、石切場に残る矢穴の数量と分布状況が明らか

片辺・鹿野浦海岸石切場跡に残る矢穴

矢穴（やあな）
くさびを入れるために掘られた穴。近年、城郭石垣に伴う石切場調査によって、時代とともに小型化する傾向が見られ、活動時期を類推するための指標となっている。

石切町（いしきりまち）
相川市街地の北端に形成された石工が集住した町。鉱山臼や石垣など様々な石製品を供給した。

にされており、鉱山の景気に連動して石材の生産量も変化していることが判明している。現在では、相川金銀山の鉱脈と共に遺跡の活用やジオパークとの連携が検討されている。

おわりに

以上のように、佐渡金銀山は、四〇〇年以上にわたる操業期間をもち、日本の財政や国内外の経済に大きな影響を与えただけでなく、金の獲得を目指した人類の活動がアジアにおいてどのように変遷していったのかを示す多様な遺跡や金生産を支えた集落・まちなみが現在まで良好に残されており、これらの資産を補完する多様な鉱山資料も残されていることに特徴がある。閉山した国内鉱山の多くがその痕跡や記録を失っていくなかで、これらのものが佐渡に残された背景には、金銀を産出する島として多くの人々に記憶され、鉱山とともに発展しながら今日まで引き継がれてきた佐渡島の歴史と地域の人々の努力も一因となっている。

一六世紀後半の創業当時から現在に至るまで鉱山社会の実態を明らかにすることができる鉱山は、世界でもほとんど例が無く、人類共通の文化遺産として次世代へ残していくことが我々の責務と考えている。

主要参考文献
『旧佐渡鉱山近代化遺産建造物群調査報告書』(佐渡市教育委員会、二〇〇八年)
『佐渡金銀山　鶴子銀山跡分布調査報告書』(佐渡市・佐渡市教育委員会、二〇一〇年)
『佐渡金銀山　片辺・鹿野浦海岸石切場跡分布調査報告書』(佐渡市・佐渡市教育委員会、二〇一一年)
『佐渡金銀山　西三川砂金山跡分布調査報告書』(佐渡市・佐渡市教育委員会、二〇一二年)
『佐渡金銀山　佐渡金山遺跡(相川金銀山跡)分布調査報告書』(佐渡市・佐渡市教育委員会、二〇一四年)

座談会

五十嵐敬喜＋岩槻邦男＋西村幸夫＋萩原三雄＋松浦晃一郎

甦る鉱山都市の記憶――佐渡金山を世界遺産に

最大規模、最長の歴史をもつ金銀鉱山

萩原　佐渡の金山の最大の特徴は、わが国で最も規模が大きく、非常に長期にわたって操業されてきたことです。古くは、平安時代後期に成立したと言われる『今昔物語集』の中に記述されています。ただし、鉱山というと山を掘る「山金」のイメージがありますが、山金が登場するのは一六世紀初期からで、それ以前は川底などに堆積したり、長い間に河岸段丘上や山野にとり残された砂金でした。例えば、平安時代に空海をはじめとする留学僧が滞在資金として中国大陸に携行したのはすべて砂金です。

砂金が採れなくなると、後に山師と呼ばれる人たちが山に登り、より埋蔵量が多い鉱山の金鉱石を探しあて開発するようになります。佐渡では、一六世紀末から一七世紀初めにかけてこの段階に入ります。しかし、佐渡の金鉱石は、金が八〜九割を占めている東北や

甲斐の金鉱石よりも金の含有率が低かったため、新たな技術が発達していきます。なかでも、塩を使って金と銀を分離させる「焼金法」の遺構は、いまのところ世界でも佐渡とトルコにしかありません。

明治になると佐渡はまずは国の管理のもとにおかれ、一八九六年に三菱合資会社に払い下げになってからは、火薬を使用して掘削をするなどヨーロッパの技術を積極的に導入し、精錬法も近代化していきます。

佐渡金山は、残念ながら一九八九年に休業になりましたが、文献上明らかになっているだけでも四〇〇年以上の歴史があり、これだけ長期にわたり様々な技術を導入しながら続いてきた金山は世界にも例がありません。この間に採掘された鉱石は一五〇〇万トン。金七八トン、銀二三三〇トンを産出し、坑道の総延長は約四〇〇キロに達しています。また、佐渡の金山は大規模であったために、早くから分業化が進んでいたことも特徴の一つです。

松浦　佐渡が世界遺産に登録されるための重要なポイントは、現在残っている遺構・遺物を踏まえてしっかりしたストーリーをつくることです。そのストーリーが現物と遊離していたり、単に複数の現物の集合体だけではいけない。逆に、ストーリーがしっかりできていても物質的な裏付けがなければ説得力がありません。さらに、日本の鉱山史における位置づけだけではなく、中国や韓国の鉱山も含めて考えていく必要もあります。中国や韓国で鉱山が世界遺産になった事例はありませんが、中国や朝鮮半島の金鉱（遺跡も含めて）と比べるとどうですか？

萩原　中国や朝鮮半島の山金についてはほとんどわかっていません。両国では膨大な量の金製

松浦晃一郎

品が出土していますから採掘跡や生産遺跡があって当然なのですが、遺跡を調査する考古学者がいないため実態はわかっていません。

世界遺産では稀少な金山

松浦　西欧や中南米には世界遺産になった鉱山がいくつもありますが、そうしたところは街全体が残っています。イギリスのブレナヴォンの産業革命の遺跡（産業用地）はまさに、石炭と鉄鉱石を掘るところから鉄工所、街までが一体として残っています。もう一つの典型は、スロバキアのバンスカ・シュティアヴニツァ【一三一頁写真】で、ここも鉱山と街が一体として残っています。中南米では三つの鉱山が世界遺産になっていますが、その一つのボリビアのポトシも同じです。佐渡の場合は、このことを踏まえた上で考える必要があります。

また、すでに石見銀山が銀山遺跡として登録されていますが、石見とのシリアル・ノミネーション*でなく、独立して登録すべきと考えるので、佐渡の独自性を出さなければいけません。

西村　銀山の世界遺産はいくつもありますが、金山は砂金山のラス・メドゥラス（スペイン、一九九七年）【一三一頁写真】のみで、ほかにも金銀山としてバンスカ・シュティアヴニツァ（スロバキア、一九九三年）がある程度です。その他、金鉱山の集落が評価されたものとして、古都オウロ・プレト（ブラジル、一九八〇年）、ゴイアス歴史地区（ブラジル、二〇〇一

シリアル・ノミネーション
同じ歴史、文化群のまとまりとして関連づけ、全体で顕著な普遍的価値を有するものとして世界遺産に推薦すること。
↓【註1】

年）がありますが、これは評価の中心は鉱山そのものではありません。佐渡は金銀山ですが、金山に焦点を当てたほうが特徴が明確になります。世界的にも金山は少ないので、稀少価値であることは間違いありません。

松浦　大賛成です。東アジア、あるいは世界的に見ても金に焦点を当てたほうがよいですし、石見銀山との違いもはっきりします。

岩槻　経済的な効果だけを言えば、佐渡は銀の割合が大きかったようですね。

萩原　銀のほうが大きかったのですが、銀は石見が先行しているので視点を変えたほうがよいというのはそのとおりでしょう。

松浦　先ほどのポトシは銀です。メキシコにもグアナファトとサカテカスという二つの世界遺産があり、グアナファトには金も出ますが、世界の二五パーセントの銀を産出していたこともあるので銀が中心で、金を中心とした世界遺産はありません。佐渡は金山として世界遺産登録をめざすべきだと思います。

五十嵐　佐渡には金も銀も出ているわけですから、金に焦点を当てるほうがよいという点はわかりますが、それが世界遺産登録のための「戦略」としてというだけでは少し問題がある。佐渡が金山として世界遺産に該当する価値をもっているのかを証明しなければなりません。

岩槻　そこは私も気になりますが、石見銀山が世界遺産になっているという前提から出発し、石見銀山のシリアル・ノミネーションではなく、別の遺産として登録するというのであれば、それに合わせた戦略をつくらなければならないのはよくわかります。

松浦　金と銀を比較すると、金の方が銀よりも遙かに稀少価値があり、貴重であり、柔らかいから細工もしやすい。そして何よりも美しい。ペルーやメキシコのインカ帝国などの遺跡を見ても、明らかに銀よりも金を大事にしています。銀のマスクが発掘されてもそれほど騒ぎませんが、金のマスクなら大騒ぎです。それだけ誰の目から見ても価値があるということです。

萩原　銀は錆びますが、金は錆びないという利点もあります。

鉱山を支えた多様な文化

五十嵐　金を巡る技術の総体。さらに言えばそれらを生み出したシステム。しかもそのシステムは技術の体系だけではなく、それに携わった職人、そして彼らを支えた街のシステムなどの全体が「価値」がある、あるいはなければならないという視点が世界遺産の骨頂だと思っています。その際、やや「負の部分」と思われるかもしれませんが、例えば佐渡が流刑地であること、いわゆる「無宿人」が採用されていたこと、人口密度に比して佐渡では「寺院」が異様に多いことなども、このシステムの中に組み込まれるべきです。そのことによって歴史の真実が明らかになり、金山の価値の多様性や豊穣さを深めていくのではないか、と考えています。

萩原　佐渡の金山では深く掘れば掘るほど水が出てくるため、これを汲む水替作業が不可欠でした。しかし、この作業は非常にきつかったために人手が足りなかった。そこで幕府は、

萩原三雄

江戸と大坂と長崎の無宿人を集め、水替人足として佐渡へ送り込みました。しかし、この政策はすぐにやめていますから、ごく短い時期だけです。

ところが、後にこれを観光として利用したために、佐渡というと無宿人や流人が多く、罪人が送り込まれて過酷な労働をするというイメージができてしまったのです。実際にはごくわずかな時期だけで、佐渡の金山はむしろ当時の新しい技術を導入した最先端事業でした。ですから、無宿人の墓は構成資産の指定範囲にありますが、構成資産としては登録していません。

五十嵐　富士山がなぜ自然遺産ではなく文化遺産として登録されたかというと、富士山は自然としてとても美しいだけでなく、日本人にとって信仰の山であり、かつそれを母体に様々な文化的発信が行われてきたからでしょう。無宿人もそれが事実であれば、それをきちんと受け入れるべきです。現に坑道内でその作業方法だけでなく、その由来も、またその人生の在り様などについても「墓」や「文学作品」などとして広く市民に公開されています。そしてこのような事実を見たほうが、実は「鉱山」というものの理解をより深くさせ、もっと大きな意味で、人々に対してさまざまな「感慨」や「感銘」を与えていく、と私は考えています。

松浦　それを導入するとまた別なストーリーが必要になるでしょう。やはり、砂金と山金に絞るべきだと思います。

岩槻　人の知的活動が結集して優れた芸術的な遺産を残すというのも文化にとって重要なことですが、人々の生活が特殊な歴史を描き出すのも、まさに文化そのものなのではないでしょうか。金の採掘の歴史が、記録とともに多様に残され、それも利益を得た人による優れた芸術の創造につながるというよりは、無宿人と呼ばれるような人まで一緒に生活する歴史を演じているのですから、他の鉱山とは異なった唯一の遺産と言えるように思います。

五十嵐　佐渡の金山は一種の産業遺産です。先ほど松浦先生から世界の遺産が紹介されましたが、日本でもこのようなものとして石見銀山、富岡製糸工場があり、さらに今後、九州・山口の産業遺産が申請されようとしています。その際、そのような技術が誰によって発案・開拓され、さらに技術改良が加えられ、発展してきたのかというように、どこの遺産でも技術だけでなく、そこで働く人の在り様が注目されてきました。ちなみに九州・山口の産業遺産では、最も良き意味での「武士の精神」があって初めてあの急速な「革命」ができた、と評価されています。このように考えるともちろん佐渡でも、江戸幕府や奉行所の在り方、さらには明治維新以降の外国人技術者などは欠かせないのですが、同時にそれを全体として支えた無名の人を含めた「庶民」の技などの考察も不可欠でしょう。「文化」は光だけでなく、闇の部分も踏まえられてこそ「文化」なのではないでしょうか。

例えば、佐渡の構成資産になっている「道遊の割戸」【五頁写真】などを見ると、私はそこを掘りつづけた職人たちの姿、その偉大性、困難性、勇気、闘志などなどいろいろなことが「想像」され、深く感動します。「割戸」は鉱山の技術の跡という物質的なものですが、同時に極めて人間的な営みの証拠でもあって、それが「文化」なのでしょう。

五十嵐敬喜

遺構にみる金山の変遷と人々の暮らし

松浦　佐渡の非常に大きな強みは、やはり砂金から始まり、近代までの歴史があるということでしょう。

西村　佐渡には砂金の時代からの非常に長い歴史があり、固有の発展の仕方をしてきたところにこそ特徴があります。もう一つの特徴は、技術が変わりながらいろいろな形で発展していくさまが、割合狭い範囲に蓄積されながら残っていることです。砂金を採っていた西三川だけは少し離れていますが、鶴子銀山から上相川、相川は隣接しています。しかも、初期は山の上の方が中心でしたが、時代が下るにつれて船で金を運ぶためにさまざまな施設が海の近くに降りてきました。そうした移り変りのなかに技術の変化も見えてきます。

他の国にも鉱山はたくさんありますが、大半はほぼ同じ所で掘り続けているため、古い鉱山を壊しながら発展していますが、佐渡では時代ごとに徐々に場所を変えたため、初期の砂金から露頭掘りへ、さらに人間による坑道掘りから機械によって大規模に掘るという変遷を示す遺構がよく残っていて、四〇〇年以上にわたる流れを見ることができるわけです。国際的にも、これだけ長期間にわたる金鉱山がよくわかる場所は珍しいと評価されています。

さらに、一〇〇種類以上の絵巻が残っているため、いま話したようなことが記録として説明できる。描かれた絵によって作業工程が明確にわかることも大きな特徴です。また、佐渡では貨幣を鋳造しています。佐渡は徳川幕府の直営だったため、ある意味で日本の国家経営に絡んでいました。逆に言うと、佐渡には豪華な金御殿はありません。鉱山と言うと、日本人にとっては労働者のうら寂しい住宅があり、奉行所があるというイメージですが、世界の常識では鉱山は宝の山ですから、莫大な富が蓄積し、立派な建物ができ、金銀製品がたくさんある。劇場ができたり、その時代の最先端の様式の建築が花開いたりする。建築様式としてもそこが豊かであったことがわかるというものです。だから、世界遺産になっているところが多い。ところが、佐渡には金山の痕跡としての建物や工芸品はありません。これは、逆に、世界の鉱山から見ると非常にユニークです。

特に、最近の世界遺産の産業遺産で注目されるのは、産業遺産そのものだけではなく、そこで暮らしていた人々の生活全般が見えるかということです。その点でも、現在では山中に埋もれている上相川に、かつては集落があったことが完全にわかるということも重要だと思います。

萩原　鶴子は上相川よりも古いので、地形をあまり改変せずに自然の地形を利用しながら作業場や生活の場をつくっていますが、上相川は一六〇三年に佐渡奉行に任じられ、金銀山開発の礎を築いた大久保長安が、整然とした町割を行い、寺町をつくったり、道路をつくったりと区画立てています。

西村　大久保長安は石見銀山にもいたので、石見でも同じようなことをやっていますが、古いまちの遺構が地名や字名として残っている。あるいは、石積みがそのまま残っているということは、海外からも高く評価されています。

遺跡の総合的なプレゼンテーションを

五十嵐　佐渡金山はかなり観光化を進めています。しかしそこにはいろいろな問題がある。一つはいま話に出ていた相川など、少子・高齢化のもと、どんどん人口が減少している。つまり世界遺産の維持管理を含めて、この観光をどうとらえるか、ということが第一ですが、さらには金山だけではなく佐渡全体にはトキをはじめとして世界に誇る文化がたくさんあります。これらの総体を観光という視点で見ると、どうなるかということです。残念ながら佐渡では最近観光が激減しているというような事実を踏まえながら、種々「政策」を考えていかなければなりません。もちろん、富士山をはじめとして世界遺産により、「オーバーユース」が問題となっているところも出てきていますが。

西村　観光化に関しては海外の研究者は特に言及していません。全体が非常に大きく、観光に使われているのはごく一部だからということがあるように思います。

萩原　ガイダンスの一つとして考えると、当時の技術や鉱夫の労働のようすが非常にわかりやすく説明されているため、世界遺産登録の障害になるという意見が出ないのだと思います。また、絵巻をもとにしてモデルをつくっていますから、それほど間違いがあるわけでもありません。ただ、観光的に少しおもしろくしている部分はあります。例えば、相川の坑道にある人形は「酒が飲みてぇなあ」「馴染みの女にも会いてぇなあ」と言っています。私はああいうセリフはないほうがいいと思っています。

岩槻　私は博物館で普通の人にわかりやすくするために模型による展示に関わってきました

が、そうした紹介には限界もあります。その意味から言えば、坑道そのものを遺跡として残すという点で、展示は遺跡を破壊することにつながっていきはしないかという懸念は残ります。実物の与える感動は貴重で、どんなに正確につくったとしてもモデルはモデルであるということを、長期的には意識しないといけません。

松浦　もしも現代の漫画的な感覚でやっていたら問題になると思いますが、絵巻にできる限り沿う形で努力しているので、私は基本的に問題ないと思います。改善の余地はあるでしょうが、現状の展示が全体としていけないとは言えないと思います。

ギリシア文明の発祥の地はクレタ島ですが、この島にある宮殿は世界遺産になっていません。なぜかというと、現物はそれなりにしっかり残っているのに、観光客向けに柱をつくるなど、あまりに手を加えてしまい、当時の姿と開きがありすぎるからです。ギリシア文明のいくつもの遺跡は世界遺産になっていますが、クレタ島の宮殿は指定されていないのです。その意味では佐渡にもリスクはありますが、相川に関しては大丈夫ではないかというのが私の印象です。

西村　相川では江戸の坑道だけでなく、明治の坑道も公開していて、当時の最新技術を導入した跡がはっきり残っています。この両者を同時に見せることで厚みが増しますし、明治以前と近代の両方をセットとして見せることで何か言えることがあるのではないでしょうか。今後は、そうした総合的なプレゼンテーションが求められるでしょう。

岩槻　金山を遺産として世界に示すのなら、四〇〇年の歴史と、それにかかわる人々の暮らしを一つのストーリーにまとめることで、より強いインパクトを示すことができるのではないでしょうか。例えば、道遊の割戸の景観や上相川の街址など、江戸期までの遺跡と、明治以後の工場跡を北沢浮遊選鉱場跡で望見することで、佐渡で金山が占めていた歴史を概観することができます。実物をつなげることで、記録に残っている坑道の中のようすを模型で示し、奉行所跡で金の精錬の行程を示すのとはまた違った感動を与えられるように思います。

過去の営みに光を当てる世界遺産の役割

五十嵐　佐渡の金山遺跡は、いわゆる産業遺産ではなく文化遺産として位置づけられています。これはどういう文脈からきているのでしょうか。

西村　近代化遺産は、近代化を支えた建造物や工場設備などを遺産として捉えるわけですが、佐渡では金山という産業全体を総合的なシステムとして捉えています。産業遺産の一部という考え方です。そのシステムは、例えば西三川の砂金山には川の水を堰き止めたあと、ダムをつくってその水流で砂金を採取する「大流し」という砂金採取システムがいまでも見られますが、これも一つの土地利用のあり方として重要です。

五十嵐　佐渡と同じく世界遺産登録をめざしている、「明治日本の産業革命遺産 九州・山口と関連地域」でも、技術だけでなく財閥という特殊日本的な組織がつくり上げたシステムもベースにして世界遺産として考えられています。こういう視点から見た場合、佐渡には「産業遺産」を超える文脈が構築される必要がありますが、それは江戸から現代まで、

岩槻邦男

四〇〇年間、すなわち、山師、江戸幕府、明治政府そして民間企業のすべての主体が一貫してその時代時代の集積を壊すことなく、継続してきた。その「力」が一堂にかつすべて見られる、というようなことが、このシステムというものを構成し、かつ内容づける大きな文脈かもしれませんね。これが世界に誇れる「価値」ということなのでしょうか。

西村　金山の四〇〇年間の多くが、限られている範囲の中ですべて見られる場所は世界にもまずほかにありません。

五十嵐　佐渡の金に関する技術は、明治以前はまったく日本独自の文化・技術ですか？

萩原　灰吹法が一五三三年に朝鮮半島から渡ってきたように、技術交流はたくさんあります。

松浦　日本も世界とつながっているわけですから、技術が外国から入ってくることは構いません。ただ、その技術を日本化し、砂金や山金を抽出したという歴史が重要なのです。

五十嵐　率直に言いますと、私は近代化遺産、あるいは産業遺産が世界遺産と言われますと、どこか釈然としないところもあります。例えば、法隆寺の世界遺産については世界に類例のない価値を持つものとして素直に納得できます。しかし、溶鉱炉にしても製糸場にしても坑道にしてもなぜかピンと来ない。もっと典型的な例が長崎の「軍艦島」（端島）【一三九頁写真】です。もちろんそうしたものの価値を否定するわけではありませんが、世界遺産に値するほどの大きな価値なのか、私の頭の中には比較する基準がない。ちょっと突飛な話で恐縮なのですが、遠い将来、技術の優位性あるいはそれまで存在していなかったという稀少性といった視点で、日本の新幹線あるいはリニアモーターカーなども候補に挙がっていくのではないか。他方、ある種の廃墟の美学などの観点を含めて言えば佐渡の上相川だけでなく、関ヶ原などの古戦場跡なども、もちろん発掘調査などにより遺跡として確定されることが条件ですが、これも候補になりうる。そうなると世界遺産の射程は限りなく広がる。しかし、それでよいのかという疑問も少し残っています。

松浦　同じように考える方は多いだろうと思います。確かに法隆寺と上相川の遺構とを比べると、法隆寺は百人が百人納得するでしょうが、上相川ではなぜこれが世界遺産かと疑問に思う人がいるでしょう。上相川にかつてあったものがそのまま現在まで残っていれば、法隆寺と同じ反応になるかもしれませんが、残念ながら廃墟になってしまったわけですから。しかし、人類の歴史から言えば、上相川には金山として繁栄した一時期があり、それが廃墟として残っているということも重要です。人類の歴史をしっかり後世に残すという意味からは、遺跡ではあるけれども遺跡として価値がある。そこは評価しなければいけないと思います。

岩槻　五十嵐先生はあえて皮肉をおっしゃっているように聞こえました。というのは、佐渡は金山です。金は豪華なものをつくって「あっ」と言わせるのに、ここには故宮博物院で見るような金製の工芸品が豊富にあるわけではありません。「あっ」を言わなくても世界遺産なのかと。その指摘には、世界遺産を考えるときに大切なことが含まれていると思います。人類にとっての遺産を考えるときに、誰もが「あっ」というものをつくることだけが遺産になるのかということです。そうではなく、そこで営まれたものの価値を見つめ直すことも重要なのではないか。佐渡で言えば金を生産するために営まれた遺跡があり、現物が残っているのであれば世界遺産になることはよいことではないでしょうか。江戸時代後期になって江戸は百万人都市になったそうですが、その頃に、江戸から遙か離れた佐渡の上相川には数万人が住んでいました。金の生産にともなってそれだけの繁栄が見られたのです。

萩原　小判や金の装飾品は「製品」であり、中尊寺の金色堂は金を使った「製品としての場」です。しかし、金山はそうした「製品」を生み出した遺跡です。金や金製品を生み出したもともとの遺跡を大事にしなければ、全体の流れがわからなくなると思います。

西村　私は、佐渡の非常に大きなチャレンジは、西三川の砂金山を構成資産に入れることだと思っています。西三川に行ってみても、確かに全く知らない人から見ると何もわからない。「なにこれ？　ただの田舎じゃないか」と思うでしょう。ところが、手がかりを読みながら風景を見ると、風景に非常に大きな改変が行われてきたことがわかり、そのことを通じて見えてくるものに価値があるということがわかってくる。技術や産業を含めた人々の営みのなかにある価値が見えてくる。それは法隆寺を素晴らしいと見る価値とは違う価値ではないかと思います。

五十嵐　みなさんの意見にワクワクします。ある種、何もないところに立って、ちょっとした遺跡を手がかりに想像力を発揮していくと、そこには圧倒的な別の世界が見えてくる。この別の世界は空想の産物ではなく現実に存在していた。しかもそこには私たちの祖先が確実にかかわっている、というように見ていく道筋は、世界遺産の最も大きな「教え」の一つかもしれませんね。

西村幸夫

評価基準の検討

松浦　石見銀山は日本のみならず、アジア全体で初めての鉱山遺跡になりました。しかし、今回改めてイコモス（国際記念物遺跡会議）の報告書を読み直したところ、登録の過程ではかなり厳しい指摘をされています。それは佐渡の登録に向けて反面教師となると思います。

石見銀山では当初、評価基準の(ii)、(iii)、(v)で申請をしていますが、イコモスは「ストーリーはよくできているがそれを裏付ける現物がない。調査が不十分である」としてこれらの評価基準の適応を完璧に否定しています。例えば、(ii)は「価値観の交流」ですから、これで申請するには日本と西欧の交流をしっかり調べなければいけないのに、交流を裏付ける文献などが調べきれていない。(iii)の「無二の存在である」についても、(v)の「人類と環

西三川地区の風景。砂金採取の痕跡が残る虎丸山がそびえ、笹川集落には砂金採りの道具や遺構が残る。

(i)	人間の創造的才能を表す傑作である。
(ii)	建築、科学技術、記念碑、都市計画、景観設計の発展に重要な影響を与えた、ある期間にわたる価値観の交流又はある文化圏内での価値観の交流を示すものである。
(iii)	現存するか消滅しているかにかかわらず、ある文化的伝統又は文明の存在を伝承する物証として無二の存在（少なくとも希有な存在）である。
(iv)	歴史上の重要な段階を物語る建築物、その集合体、科学技術の集合体、あるいは景観を代表する顕著な見本である。
(v)	あるひとつの文化（または複数の文化）を特徴づけるような伝統的居住形態若しくは陸上・海上の土地利用形態を代表する顕著な見本である。又は、人類と環境とのふれあいを代表する顕著な見本である（特に不可逆的な変化によりその存続が危ぶまれているもの）。
(vi)	顕著な普遍的価値を有する出来事（行事）、生きた伝統、思想、信仰、芸術的作品、あるいは文学的作品と直接又は実質的関連がある（この基準は他の基準とあわせて用いられることが望ましい）。
(vii)	最上級の自然現象、又は、類まれな自然美・美的価値を有する地域を包含する。
(viii)	生命進化の記録や、地形形成における重要な進行中の地質学的過程、あるいは重要な地形学的又は自然地理学的特徴といった、地球の歴史の主要な段階を代表する顕著な見本である。
(ix)	陸上・淡水域・沿岸・海洋の生態系や動植物群集の進化、発展において、重要な進行中の生態学的過程又は生物学的過程を代表する顕著な見本である。
(x)	学術上又は保全上顕著な普遍的価値を有する絶滅のおそれのある種の生息地など、生物多様性の生息域内保全にとって最も重要な自然の生息地を包含する。

世界遺産の評価基準

境のふれあい」についても同様の指摘を受けています。佐渡ではそこは注意しなければなりません。

例えば、西三川は遺跡として考えればよいと思いますが、四〇〇年前についての全貌がはっきりしていません。上相川では遺跡がしっかり残っているので金を中心にした四〇〇年のストーリーができるでしょうが、そのストーリーを裏付けるしっかりした現物が西三川と相川にあるかどうかが焦点になります。ストーリーが先行しすぎてしまうと、石見銀山や平泉の当初の世界遺産登録の際に、根拠が不十分であるとして登録延期を勧告された失敗を繰り返すことになります。

西村 上相川は廃墟ですが残っています。相川にはいまも人が住んでいるわけですが、かつての姿から大きく変化しています。実は私は三〇年ほど前に相川の伝建地区の調査したことがあるのですが、当時はまだかつての姿がかなり保たれていました。しかし、その後で建て替わったり、空き家だったところが空き地化して、かなり歯抜け状態になってきています。ただ、大きなビルが建って景観がまったく変わっているわけでなく、かつての集落の敷地割などはわかるので、海外の人も否定的なことは言いませんが、不安は残ります。

松浦 構成資産の全体を捉えると、面としての登録を目指す「文化的景観」に該当するのかどうかだと思いますが、日本の場合は各地で開発が進んでいるため現実的にはなかなか難しい。現に、平泉では最初は「文化的景観」として出していましたが、二度目のチャレンジのときには出しませんでしたし、富士山は最初から出していません。結果的にはそれで賢明だったと思います。そうすると面ではなく点の集合体としてとなりますが、どこを点にするかが問題になります。

西村　佐渡は現在のところは、(iii)の「無二の存在である」と、(iv)の「歴史上の重要な段階を物語るもの」で検討されています。具体的な物があるということで(iii)、それがあるシステムをつくっているということから(iv)。技術の伝播という意味では(ii)の「価値観の交流」もありうるのではないかといった議論もあります。西欧からの技術の導入という点はそのとおりですが、調査がまだ不十分だと思います。他にもあるかもしれませんが、(iii)と(iv)は確実だろうと考えています。

松浦　私も賛成です。石見銀山では、人間と環境という視点から文化的景観の(v)を入れましたが、非常に厳しい要件が求められるので佐渡では難しいでしょう。(ii)を入れることは不可能ではないかもしれませんが、石見銀山でイコモスから指摘されたように、西欧との交流をかなりしっかり調べる必要があります。

西村　四〇〇年以上続く金山の歴史が、比較的狭い地域で、重層的に残っている遺跡は世界にも珍しいので、ぜひ世界に認められてほしいと思います。

［構成・戸矢晃一］

註

1　「世界遺産条約履行のための作業指針」には連続性のある資産について、次のように定められている。
一．同一の歴史・文化群、二．地理区分を特徴づける同種の資産、三．同じ地質学的、地形学的形成物、又は同じ生物地理区分若しくは同種の生態系に属する関連した構成要素が、個々の部分ではそうでなくとも、全体として顕著な普遍的価値を有するものである。ひとつの締約国の領域内に全体が位置する場合もあれば（連続性のある資産）、異なる締約国の領域にまたがる場合もある（連続性のある国境を越える資産）。

第三章　佐渡の文化と人々のくらし

知られざる佐渡文化の輝き

余湖明彦

はじめに

日本海に浮かぶ佐渡は、島の北東方向から南西方向に並行して連なる北の大佐渡山地、南の小佐渡山地と、その間に挟まれた国仲平野からなる。気温は、対馬海流の影響を受け、新潟側に比べて夏はやや冷涼、冬はやや温暖であり、積雪量も少ない。

佐渡には、幾たびかの火山活動によって、金・銀・銅をはじめ、赤玉石（鉄石英）や青玉石（碧玉）、五色瑪瑙など様々な有用鉱物が産する。古代には、赤玉石や青玉石などを用いて管玉*が大量に生産され、日本最大の玉造遺跡が形成された。佐渡の管玉は、交易により本州各地に広がりを見せている。

現在は絶海の孤島というイメージの強い佐渡であるが、近代に入って陸上輸送が発達するまでは、海こそが交通の大動脈であり、日本海に多くの船が行き交う中で、佐渡には多くの人・物・情報がもたらされた。

管玉（くだたま）
古代に用いられた、管状になっている宝飾装身具の部品で、管に糸を通して腕飾りや首飾りなどとして使用された。

佐渡出身の文芸評論家である青野季吉《すえきち》は、その著『佐渡』の中で、佐渡には三様の文化が存すると述べている。第一は相川を中心とした武士文化、第二は国仲平野を中心とした貴族文化、第三は小木を中心とする町人文化である。貴族文化について説明すると、奈良時代の穂積朝臣《ほづみのあそん》老《おゆ》から始まり、文覚《もんがく》、順徳上皇、日蓮、京極為兼、日野資朝《すけとも》、世阿弥など、多くの貴人・文化人が佐渡に配流され、国仲の地で生活した。配流の理由は政治的なものが多く、中央から隔離することが第一の目的であったから、配所では比較的自由な生活が送れ、地元の人々との交流もあった。その影響が、国仲言葉をはじめ人々の生活の奥深くに息づいている。

また、島の南西に位置する小木地方は、江戸初期に開かれた小木港が寛文一二（一六七二）年に西廻り航路の寄港地になり、北前船をはじめとする各国からの廻船でにぎわうようになり、上方の町人文化が流入した。これらに対して、安土桃山時代、島の北西に位置する相川に金銀山が発見されて、江戸時代を通じて奉行所がおかれたことにより形成されたのが武士文化である。金銀山の隆盛によって、江戸時代初期には相川の人口が四〜五万人に達したとされ、佐渡奉行を頂点とする武士を主体に、国内各地から来住した人々により、学問、芸能、医術など様々な分野にわたる文化が形成されて島内に波及した。

本稿では、金銀山に関連して佐渡に開花した多様な文化と、その背景について紹介したい。

金銀山の発見と新しい文化の形成

佐渡の歴史をたどると、和銅五（七一二）年に成立した『古事記』のイザナギ、イザナミ両神による国生み神話に行き着く。その中で、「佐度島」は大八島の七番目の島として登場する。また、養老四（七二〇）年に成立した『日本書紀』では、「億岐洲《おきのしま》」と「佐度洲」が双子として五番目に生まれたと書き記されている。都から遠く隔たってはいるものの、佐渡は古くから都の貴族たちの認識する島であった。

次に、佐渡における産金伝承については、古く平安時代の『今昔物語集』の説話にまで遡る。そして、『佐渡相川志』*によれば、寛正元（一四六〇）年に西三川で砂金稼ぎが始まったとされ、『佐渡年代記』*には、天文一一（一五四二）年に鶴子銀山が発見されたと記されている。さらに、天正一七（一五八九）年に上杉景勝が佐渡を支配すると、本格的な金銀山開発が開始されるようになった。

一七世紀に入り、佐渡の歴史は新たな転機を迎える。その要因を二つあげるとすれば、一つは国内最大の金銀山である相川金銀山が発見されて多くの人々が他国からやってきた事であり、もう一つは佐渡が幕府の天領となって幕末まで継続することにより、江戸との関係が密接になった事である。この二つの要因は、佐渡の文化の形成に大きな影響を及ぼした。

相川には、一攫千金を求めて、鉱山を経営する山師、鉱石を掘り出す金穿大工《かなほりだいく》、金銀山の雑役に従事する穿子《ほりこ》、製錬業者の買石《かいし》など金銀生産に従事する者が数多く来島し、次いで生活必需品や鉱山に必要な物資を扱う様々な商人・職人、支配層の武士などが来島した。こうして、

佐渡相川志
相川の永弘寺住職の松堂（一六九五〜一七七二）が編纂した鉱山町相川に関する地誌。相川金銀山の起こりや寺社、各町の様子、職業などについて詳細に記述されている。

佐渡年代記
慶長六（一六〇一）年から嘉永四（一八五一）年まで、二五一年間の佐渡奉行所の記録を編纂したもので、江戸時代の佐渡を知る根本史料。

わずか十数戸の寒村であった相川は、大規模な鉱山都市へと様変わりした。

金銀山の発見・開発により多くの人々が佐渡に来島したことは、様々な文化が島にもたらされる結果を生んだ。その代表的な例として、能がある。島内における能の普及は、佐渡奉行に任じられた大久保長安が慶長九（一六〇四）年に来島した際に、能楽者の常太夫《じょうだゆう》、杢太夫《もくだゆう》をはじめ、脇師、謡、笛、大鼓、小鼓、狂言師などを佐渡に召し連れてきたことに始まる。そして、新たに建立された大山祇神社や春日神社などで常太夫、杢太夫をシテ方とする能が演じられた。やがて、慶安年間（一六四八～五二）には、潟上村の本間家が佐渡奉行所より能太夫《のうだゆう》を仰せつけられた。

大膳神社の薪能。佐渡には35の能舞台が現存し、春から秋にかけて島内各地で能が催される。

春日神社における神事能（「佐渡年中行事図」江戸時代、佐渡高校舟崎文庫所蔵）

本間能太夫は佐渡宝生座《ほうしょうざ》を創始し、村の神社の祭礼に奉納する神事能のシテを引き受けて、島内各地に能を普及させた。また、村の重立衆は謡を習って能舞台に上がり、小前百姓たちは演能の準備を手伝ったり観客として神事能に参加した。

　能の伝統は幕府崩壊後も継承され、大正一三（一九二四）年に佐渡を訪れた大町桂月が「鶯や十戸の村の能舞台」と詠むほどに、多くの村々に能舞台が存在していた。また、昭和四三（一九六八）年に佐渡を訪れた立原正秋は、その著書『佐渡』の中で、「珍しきが花、と世阿弥は言ったが、私は佐渡でまことの珍しき花を観たのであった。言うまでもないが、花とは百姓たちの演能のことである」と書き記した。現在も、佐渡には三五の能舞台があり、毎年二〇回ほどの演能が島内各地で行われている。

　一方、鉱山開発や社会の形成には様々な技術が必要とされたため、関連する技術や学問も相川にもたらされた。大久保長安により播磨国から呼び寄せられた大工の棟梁水田与左衛門は、佐渡奉行所をはじめ、松ケ崎神社や加茂神社などの寺社建築を手がけ、上方の建築法を伝えた。また、寛永年間、越中国から相川に移住した百川治兵衛《ももかわじへえ》は、『塵劫記《じんこうき》』の著者吉田光由と並び称される算学者であり、木材の堆積、鉱石の金銀含有量の算出など実用的な学問を教授した。

　坑道内における排水具については、寛永四（一六二七）年に京から来て、水上輪を伝えた水《すい》学宗甫《がくそうほ》【註1】が大きな役割を果たしている。また、鉱山で使用する石磨《いしうす》を製作するために、播磨国から越中国を経て佐渡に来島した人々は、下相川に居住して播磨姓を名乗り、延縄漁など新しい漁法とともに石見国から来島した人々は姫津に居住して石見姓を名乗っている。

　この他にも、江戸時代に佐渡に配流となり、文化の形成に影響を与えた人物としては、歌人の小倉実起《おぐらさねおき》や狩野派絵師の狩野胖幽《かのうはんゆう》、医師の北条道益《ほうじょうどうえき》などがおり、枚挙にいとまがない。

佐渡金銀山の推移と新しい文化の展開

一七世紀の半ばを過ぎると、地中深く坑道を掘削して鉱石を採掘しなければならなくなり、排水の負担が増すとともに鉱石の産出量も低迷した。このような状況の中、佐渡奉行に任命されたのが荻原重秀である。荻原は、有望な鉱脈が確認されながら水没により採掘不能となっていた坑道からの排水を目指し、元禄四（一六九一）年に南沢疎水道の掘削に着手した。そして、五年間の歳月をかけて約一キロに及ぶ排水坑道の掘削に成功した。

南沢疎水道の貫通により、鉱石の産出量は増加した。金銀山の復興で相川は再び活況を取り戻し、人口も増加して相川一町目から四町目や下戸、炭屋町などにそれぞれ新浜町が開かれた。この大工事の測量を手がけたのが、振矩師*の静野与右衛門《しずのよえもん》である。静野は奉行に従って佐渡に滞在していた土田勘兵衛に師事し、西洋の測量術を学び、円周を四八〇等分した方位盤など東洋の測量具を用いて測量を行った。その測量は正確で、工期の短縮に役立ったため、技能を賞賛された。

江戸時代も半ばを過ぎると、相川市中の風俗が次第に江戸風となっていった。この時期、佐渡奉行は江戸在府と相川在勤の二人制をとっており、一年交代で佐渡に赴任した。奉行は多くの供の者を従えて赴任したが、これらの人々が江戸で流行する風俗を相川に伝えたのである。『佐渡四民風俗』*には、天明の末頃より衣類や髪飾りをはじめ江戸風を見習うようになったと

振矩師（ふりかねし）
佐渡奉行所雇いの鉱山の測量師。通気坑道や排水坑道、探鉱坑道などに関する測量に従事した。

佐渡四民風俗
宝暦六（一七五六）年、地役人高田備寛が、佐渡奉行石谷清昌の命で島内各村々の生活ぶりをまとめた書。その後天保一一（一八四〇）年、地役人原田久通が追補した。

書き記されている。また、一八世紀末の寛政年間には、黒砂糖などを材料とした種々の菓子を江戸菓子と称して売り出したところ、所々に同様の菓子屋ができたことや、文化の末頃には江戸風の料理屋が各所で商売を始めるようになった。

鉱山の繁栄は、島の人々に経済的な余裕を与えた。国の重要無形民俗文化財に指定されている佐渡の人形芝居（説教人形、文弥《ぶんや》人形、のろま人形）は、伝承によれば一八世紀初めの享保年間に、八王子の須田五郎左衛門が京へ上って人形の遣い方を習い、人形一組を購入して帰ったのが始まりで、それが現在新穂瓜生屋《うりゅうや》の広栄座《こうえいざ》に伝わる人形であるとされる。

当時は人形浄瑠璃の芝居の間に合狂言《あいきょうげん》としてのろま人形が興行されていたが、この座では現在に至るまで旧来の形式を踏襲し、のろま人形を興行している。その後、人形芝居は島内に広がり、一九世紀前半の文政期から天保期にかけては、相川の風俗を描いた『鄙《ひな》の手振《てぶり》』や『天保年間相川十二ケ月』に、塩竈《しおがま》神社での人形芝居の様子が挿絵とともに記されている。また、現在、島の人形芝居の中心となっている文弥人形は、明治三（一八七〇）年に沢根の語りの太夫である伊藤常磐一《ときわいち》と小木の人形遣い大崎屋松之助とが提携して成立した。

佐渡を代表する芸能として、島内各地の神社の祭礼に際して行われている鬼太鼓《おんでこ》もこの頃成立した。鬼太鼓の起源ははっきりしないが、延享年間（一七四四～四八）の相川祭の絵図には、金銀山の金穿大工が鬼の面を被って太鼓を打つ様子が描かれている。鬼太鼓が初めて文献に現れるのは、『佐渡事略』の安永二（一七七三）年の記事で、そこには鬼太鼓は相川の坑内から発生し、鉱山の金穿大工たちがタガネを持って舞ったのが始まりであると記されている。相川では、産土神《うぶすなしん》の善知鳥《うとう》神社の祭礼に際し、鬼太鼓が舞われる。

広栄座では、現在ものろま人形が興行されている。

明治初期に確立した文弥人形は、現在島内各地に人形座が
結成されて興行が行われている。

善知鳥神社の祭礼（相川祭）で披露される鬼太鼓
（「恵美草」江戸時代後期、佐渡高校舟崎文庫所蔵）

相川の塩竈神社での人形芝居（「佐渡年中行事図」
江戸時代、佐渡高校舟崎文庫所蔵）

次に焼物についてふれてみたい。相川金銀山の坑内では、鉄分を多く含む無名異土*がとれるが、寛政一二（一八〇〇）年、この土を利用して施釉陶器の金太郎焼が相川で焼かれた。金太郎焼は皿、鉢、土瓶、茶碗などの日用雑器に用いられた。釉薬は地元でとれる長石や土灰釉を多用し、特に金銀製錬滓の「カラミ」を使うのが特徴であった

この時期、教育の普及も進み、学問所である修教館が開設された。奉行所地役人田中従太郎は、文政七（一八二四）年に佐渡奉行泉本正助に対して学問所の開設を説き、翌年奉行所構内に儒学を授ける修教館を設けた。対象者は役人子弟だけではなく、一般庶民の子弟に対しても門戸が開かれた。修教館は幕末から明治初期に教授を務めた圓山溟北により多くの門人を輩出し、佐渡の教育の発展に大いに寄与した。

明治維新後の新しい文化

明治維新となって佐渡金銀山は幕府から明治政府の支配へと変わり、政府は、西洋の鉱山技術を導入することで、金銀山の再興をはかるため、明治三（一八七〇）年よりお雇い外国人のエラスムス・ガワー*とジェームス・スコット*を佐渡鉱山に赴任させた。彼らが現地で最も手に入れたかったのは、ウイスキーと肉であった。ウイスキーは相川の豪商幅野《はばの》長蔵《ちょうぞう》が横浜まで出かけて仕入れた。牛肉食については、明治四（一八七一）年、ガワーが食べたのが初めてだとされている。

スコットは鉱山機械の据付や運転の指導にあたり、明治一四（一八八一）年まで一一年近く

無名異土（むみょういつち）
酸化鉄を含有する赤土で、止血のための漢方薬でもあった。相川金銀山の坑道から採取された。

Erasmus H. M. Gower
英国の鉱山技師。江戸幕府の依頼で幕末から北海道の茅沼炭鉱を開発し、その実績で明治政府に雇用される。佐渡では、竪坑の開削と運搬技術の改良に成果を上げたが、洋式製錬法の改革で失敗し辞任。

滞在した。宿舎は山ノ神町の大乗寺の庫裏を改築し、部屋にはテーブルや椅子が置かれた。最も長く在島したスコットには、日本人の妻と子供がいた。しかし、在島中に妻と子供を亡くし、大乗寺に葬られた。外国人の居住は、相川の人々の食生活にも影響を与え、いち早く牛肉食や牛乳を飲むことが普及した。

焼物も新しい展開を見せる。南沢で金銀製錬の際に用いられる羽口の製造をしていた初代伊藤赤水《せきすい》は、明治に入ると鉱山が大量のレンガを必要としたためにレンガの焼成も行なっていたが、その一方で無名異土を使った素焼きの陶業を始めた。さらに、三浦常山は、無名異土の高温焼成を試み、明治一〇（一八七七）年に成功した。その後、佐渡の多くの陶芸家が無名異土を使って陶器を製作するようになり、現在では佐渡を代表する焼物となっている。

明治一八（一八八五）年、佐渡鉱山局長として大島高任が赴任した。大島は幕末から活躍した洋学者であり、明治四（一八七一）年の岩倉遣欧視察団に随行し、途中ドイツのフライベルク鉱山学校に留学している。江戸時代、鉱山の総鎮守として奉行所により保護された大山祇神社は、社殿の修築・造営などはすべて奉行所の費用で賄われていた。そのため、幕府崩壊後は神社の社殿も荒れはてていた。大島は、フライベルク鉱山のベルクバラーデ（鉱山調練）をモデルとして、大山祇神社の祭礼を明治二〇（一八八七）年に山神祭として復活させた。これは、鉱山の従業員三千二百人余りを職場ごとに二四の行列隊に分け、隊列ごとに灯籠や山車を添えて順次大山祇神社に参拝するというものであった。その後は、綱引き、相撲、能などの娯楽が供された。山神祭は、その後鉱山祭と名をかえ、相川の夏の風物詩として現在に至るまで連綿と続いている。

James S. Scott
スコットランド生まれの機械技師。元治元（一八六四）年に来日し、日本で最初の蒸気機関による製材工場を建設。明治三年（一八七〇）にガワーとともに佐渡に渡り、鉱山改革に従事した。ガワーが去った後も佐渡に残り、近代佐渡鉱山の基礎を確立した。

また、大島の後任として佐渡鉱山に赴任した渡辺渡は、大間港の築港、間ノ山搗鉱場の建設などに取り組み、明治二〇年代に佐渡鉱山の金の産出量は、国内のほぼ三割を占めた。国内の模範鉱山となった佐渡鉱山に対し、明治二五（一八九二）年各地の鉱山などからの見学者は、一五四二人を数えた。見学者には一〇銭以上の寄付を求めたが、多くの人は一円から五円位を寄付した。中には一〇円を寄付する者もいたという。見学者に対しては、寄付金の多少にかかわらず、係員一～二名で鉱山を案内し、工場や内部の設備などを洩れなく説明した。現在の観光坑道に直接結びつくものではないが、見学を希望する者に明治時代から鉱山が公開されていたことは興味深い事実である。

民謡流しでにぎわう戦前の鉱山祭の様子（昭和10年代）

鉱山祭では、大山祇神社でやわらぎが披露される（昭和10年代）

同じ頃、全国的に知られる民謡「佐渡おけさ」が次第に形作られていた。明治三二（一八九九）年に来島した尾崎紅葉の「続佐渡ぶり」には、当時の佐渡の代表的民謡として夷甚句《えびすじんく》、小木追分、相川音頭をあげており、まだ佐渡おけさは登場してこない。佐渡おけさは、元来九州地方に伝わるハンヤ節が、北前船の船乗りたちにより小木の港へもたらされ、「小木おけさ」として広まったものが原型とされる。その後、相川金銀山の鉱夫たちによって「選鉱場節」として哀愁ただようメロディが付され、鉱山祭の際に流し踊りを盛大に行うようになった。そして、大正九（一九二〇）年に東京で開催された第一回全国民謡大会において、石野琢磨（唄）、富樫栄吉（三味線）の両氏が「佐渡おけさ」を公演して好評を博した。これを契機に、佐渡おけさは全国に広まっていったのである。

文人たちがみた佐渡

これまで見てきたように、佐渡の文化は海を介在して様々な人・物・情報が交流するなかで形成されてきた。最後に、近代以降多くの文人が佐渡を訪れているので、その何人かを紹介してこの稿を終わりにしたい。

昭和一五（一九四〇）年、旧制新潟高校での講演を終えた太宰治は、思い立って佐渡を訪れた。その時の様子は太宰の小説『佐渡』に記されている。太宰は、佐渡汽船のおけさ丸から見えた島影があまりにも大きかったため、佐渡を満州と間違えたという。太宰が宿泊した相川の佐州館は建物が保存され、現在もその姿をとどめている。

戦後の昭和二五（一九五〇）年には、『大和古寺風物詩』で知られる亀井勝一郎が来島し、佐渡の古代の中心地であり国分寺や妙宣寺などの史跡がある竹田集落を訪れている。その紀行文『佐渡が島』の一節に、竹田集落の少し小高い丘に立って国仲平野を眺めた時、その風景が、彼が以前足繁く歩いた大和の飛鳥路に実によく似ていることに感動し、「飛鳥の風光を愛した人が、佐渡に渡ってここに望郷の思ひを託したのかもしれない」と記した。このことが縁となり、現在も妙宣寺近くに「佐渡飛鳥」の碑が建てられている。

また、津村節子は昭和四五（一九七〇）年に『海鳴』を発表し、鉱山の水替人足と遊郭の女性との悲恋を描いた。同じ年、司馬遼太郎は『街道を行く』のシリーズで佐渡をとりあげ、金銀山と佐渡について鋭い視点をもって叙述した。

時代は遡るが、名著『土』で知られる長塚節は、明治三九（一九〇六）年に東北周遊の旅の途

大崎集落の中心部に建つ長塚節の文学碑

中佐渡を訪れ、滞在中の出来事を紀行文に著し、「佐渡が島」として発表した。新潟港から船に乗り両津港に着いた長塚は、佐渡の最高峰金北山《きんぽくさん》に登った後に佐渡鉱山を見学する。当時、長塚節の兄順次郎が工学士として相川に滞在していたためである。その後、真野御陵を拝し、旧知の博労が住む大崎を訪ね、赤泊で能を見学したのちに佐渡を後にした。【註2】

この作品の文末近く、長塚は佐渡についての感想を以下のように語っている。

外見は凡そ佐渡ほど寂びた所は少なかろう。然しながら仔細に味おうて見ると余はまだ佐渡ほど美しい分子を有して居る所に逢うたことがない。

長塚の見た佐渡は、長年にわたる文化の積み重なりが地域の至る所に散見され、それらは一つひとつがいずれも奥深いものであった。これこそが佐渡の文化の魅力であるように思われる。

註

1 『佐渡相川志』によれば、本名を木原佐助という。なお、承応二（一六五五）年にも、宗甫の門人水学一郎右衛門が来島している。

2 佐渡の羽茂地区には、長塚節の「佐渡が島」の文章の一節を採録した文学碑が四基設置されている。

主要参考文献

麓三郎『佐渡金銀山史話』（三菱金属鉱業株式会社、一九五六年）

山本修之助『佐渡の百年』（佐渡郷土文化の会、一九七二年）

テム研究所『図説佐渡金山』（河出書房新社、一九八五年）

田中圭一『佐渡金銀山の史的研究』（刀水書房、一九八六年）

磯辺欣三『佐渡金山』（中央公論社、一九九二年）

小林責『佐渡能楽史序説』（高志書院、二〇〇八年）

能

〈鉱山絵巻〉が語る佐渡金山

渡部浩二

はじめに

日本では戦国時代から江戸時代にかけて多数の鉱山が開発された。そして、佐渡金銀山（新潟県）、石見銀山（島根県）、生野銀山（兵庫県）をはじめとする主要な鉱山には、鉱山における作業工程の様子などを描いた「鉱山絵巻」が伝えられている。

これらの各鉱山絵巻の伝来数をみると、佐渡金銀山絵巻が圧倒的な数を誇り、一〇〇点を超える絵巻が国内外に現存する。一方、石見銀山絵巻や生野銀山絵巻などその他の鉱山の絵巻は、それぞれ一〇点に満たない程度が確認されているだけである。本稿では、このように数多く伝来する佐渡金銀山絵巻の概要と特色を述べ、そこから見える佐渡金銀山の価値や諸方面に与えた影響などについて述べたい。

一〇〇年以上にわたり描き継がれた絵巻

佐渡金銀山絵巻に描かれるのは、佐渡金銀山の主体であった相川金銀山における採鉱、選鉱、製錬、小判製造などの一連の工程で、三〇メートルにもおよぶ長大な絵巻もある。巻末などに西三川砂金山の稼業の様子が附録的に描かれる場合もある。

佐渡金銀山絵巻が描かれはじめたのは、八代将軍徳川吉宗の時代、萩原美雅《はぎわらよしまさ》（一六六九～一七四五）が佐渡奉行に在任していた享保一七（一七三二）年～元文元（一七三六）年頃と考えられている。当時の老中松平左近将監《さこんのしょうげん》（松平乗邑《のりさと》）まで提出したという絵巻の写し【図1】や絵巻制作のはじまりを享保年中とする書き込みのある絵巻も伝わっている。なぜこの時期に描かれはじめたのか明確ではないが、佐渡の金銀産出量が低迷していた時期でもあり、享保の改革の一環として鉱山経営の見直しが図られたこととの関係などが想起される。

そしてこれ以降、佐渡奉行および組頭（宝暦八［一七五八］年に設置された佐渡奉行の補佐役）が交代するたびに佐渡奉行所の絵図師が制作し、提出することが恒例となったようである。その理由は明確でないが、江戸から派遣される佐渡奉行らに対し、複雑な工程の佐渡金銀山の稼ぎの様子をわかりやすくビジュアルに説明する資料の役割を果たしたという考え方がある。また、それらは、彼らが帰府する際の土産として持ち帰られたという。佐渡奉行や組頭は、最初の絵巻が描かれたと考えられる一七三〇年代以降、一八六〇年代の幕末期までの約一三〇年間に一〇〇人以上が任命されている。そうすると一〇〇点を超える絵巻が制作されたとしても不思議ではない。

佐渡奉行や組頭用に制作された絵巻は明確でないが、天明八（一七八八）年の年紀のある三

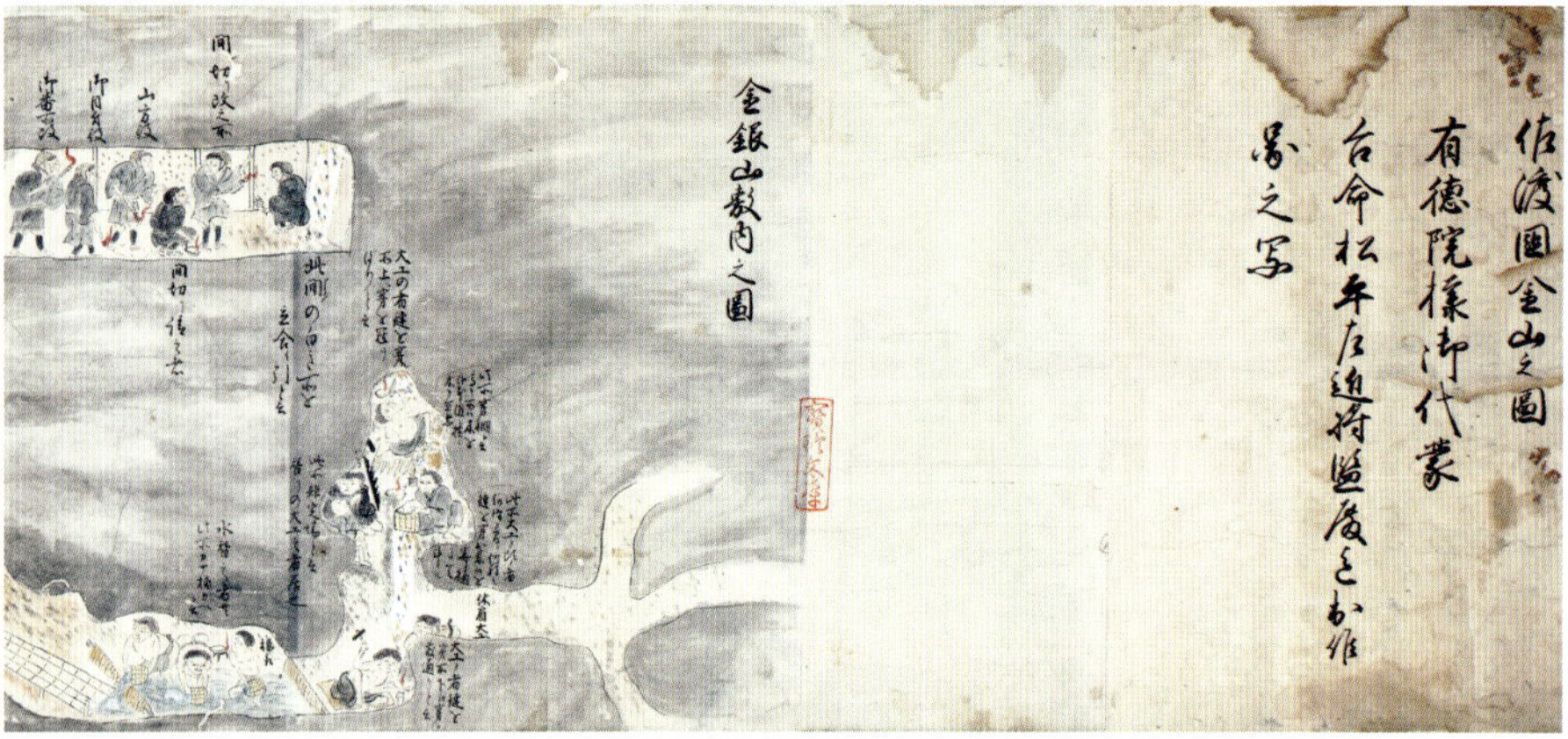

1.「佐渡国金山之図」(国立科学博物館所蔵)

3.「佐渡国金銀吹立図」(大東急記念文庫所蔵)

2.「勝場鏈粉成方之図」(三井文庫所蔵)

4.「佐渡金山之図」より、江戸無宿と水替小屋 (国立科学博物館所蔵)

井文庫所蔵の絵巻【図2】は、捺された朱印などから佐渡奉行・室賀図書正明（天明七［一七八七］～寛政五［一七九三］年まで在任）の旧蔵本とみられる。また、大東急記念文庫所蔵の「佐渡国金銀吹立図」【図3】は、組頭・大原吉左衛門（大伴景氏、文政三［一八二〇］～文政一〇年まで在任）の旧蔵本とみられ、巻末には文政八（一八二五）年の年紀と佐渡に赴任した際に佐渡奉行所の絵図師山尾治七（山尾定政）が描いた旨の書き付けがある。なお本図は、もともと和綴本として制作されたものであるが、内容は佐渡金銀山絵巻そのものである。

絵巻に見る鉱山技術の変遷

前述のように、佐渡金銀山絵巻は一〇〇年以上にわたって描き継がれたと考えられ、さまざまな写本類を含めれば一〇〇点を超える多数の絵巻が伝わる。重要なことは、全く同じ内容で描き継がれたのではなく、その時々の新技術の導入や経営の変化を反映させて、部分的に修正を加えながら描き継がれている点である。すなわち、年代の異なる複数の絵巻を比較することで、新技術の導入や経営の変化がビジュアルにわかるという大きな特色がある。

その具体例を坑内排水に関する描写の事例で示してみよう。鉱山経営の大きな課題のひとつに、鉱石を求めて地下深く掘るのにともなって湧き出る水の汲み上げがあった。佐渡でもさまざまな試みがなされ、承応二（一六五三）年には水上輪《すいしょうりん》を導入した。一七三〇年代の最初期の絵巻【図5】には、水上輪を三つ連結して地下の水を汲み上げる様子が描かれている。ところが、一七〇〇年代後期頃の絵巻【図6】では、桶と釣瓶を用いた旧方式で水を汲み上げるような描写に変化する。文献によれば、水上輪は排水に大変威力を発揮した道具だったが、構造が複雑で故障も多く、しだいに使われなくなり、旧来の桶と釣瓶による排水方法が主体となったことが記されている。その変化が絵巻にビジュアルに反映されていることになる。

天明二（一七八二）年には「阿蘭陀水突道具《おらんだみずつきどうぐ》」という海外渡りのポンプ式の排水器具が導入された。その頃の絵巻【図7】を見ると、やはりその道具がみえる。絵巻には四人の男がポンプを押して、竹筒を通して地下の水を上に汲み上げている様子が描かれている。この道具も水上輪同様に排水に大変威力を発揮したが、構造が複雑で故障も多く、しだいに使われなくなったことが文献にある。それに対応するように、しばらくすると絵巻には「阿蘭陀水突道具」の姿は見られなくなり、再び旧来の桶と釣瓶による排水の描写となるのである。

なお、佐渡金銀山では安永七（一七七八）年以降、江戸などから送りこまれた無宿人を水替人足とした。これを反映して、一七〇〇年代後期頃の絵巻【図4】には、彼らの姿が収容される水替小屋とともに描いたものがみられるようになる。

多様な写本の存在

佐渡金銀山絵巻は本来、佐渡奉行や組頭用として、佐渡奉行所の絵図師によって描かれたと考えられる。しかし、そのような絵巻がさまざまな経緯で模写され、また独自性を加えた多様な絵巻が存在する。今日確認される一〇〇点を超える佐渡金銀山絵巻の大半は、実は、このような多様な写本類である（佐渡奉行や組頭用に制作された絵巻の原本の多くは散逸したと考えられる）。

著名な絵師によるものとしては、幕府の御用絵師としても活躍した狩野融川《かのうゆうせん》が最初期の絵巻

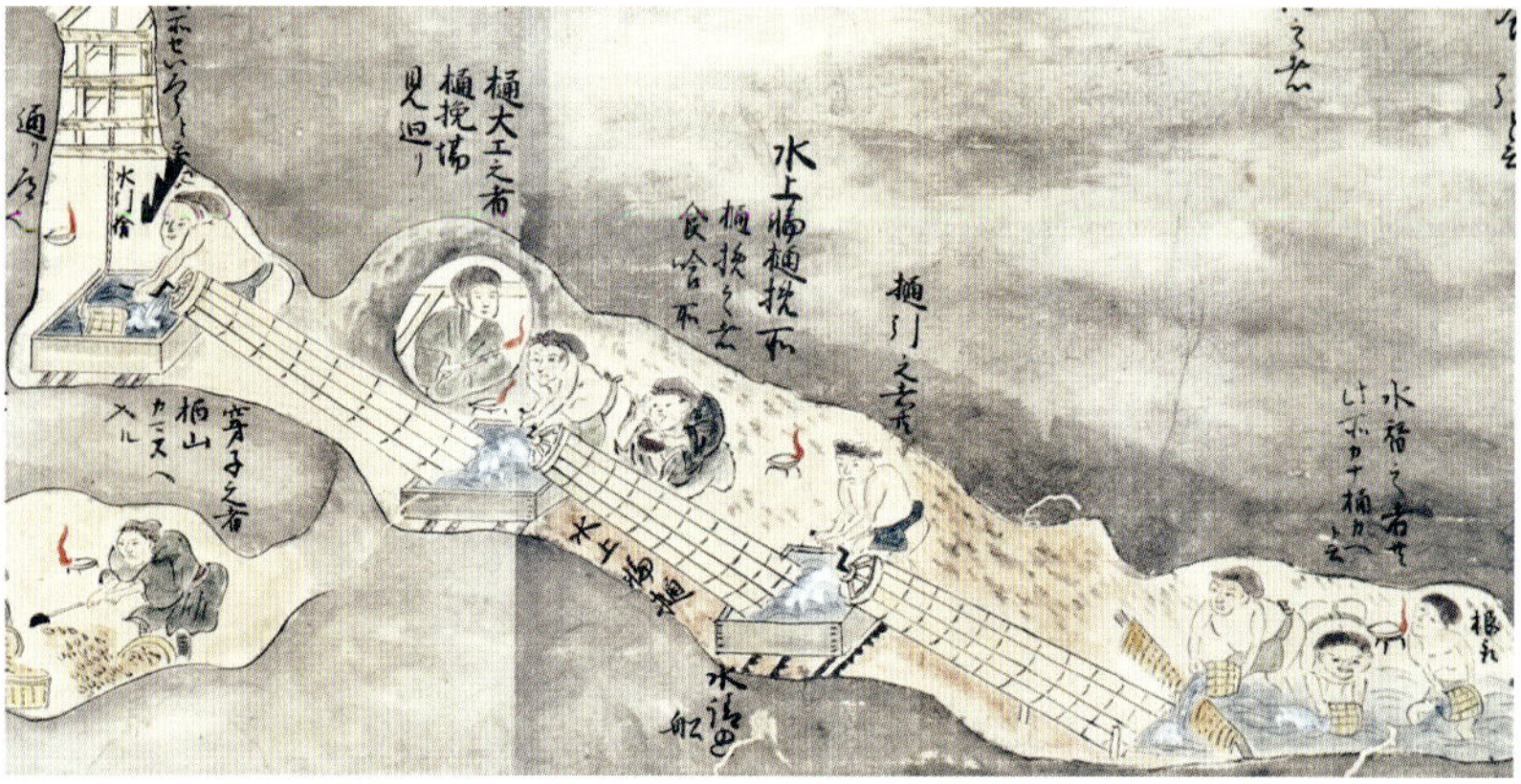

5.「佐渡国金山之図」より、水上輪を用いた排水の様子（国立科学博物館所蔵）

6.「金銀山絵巻」より、桶と釣瓶を用いた排水の様子（相川郷土博物館所蔵）

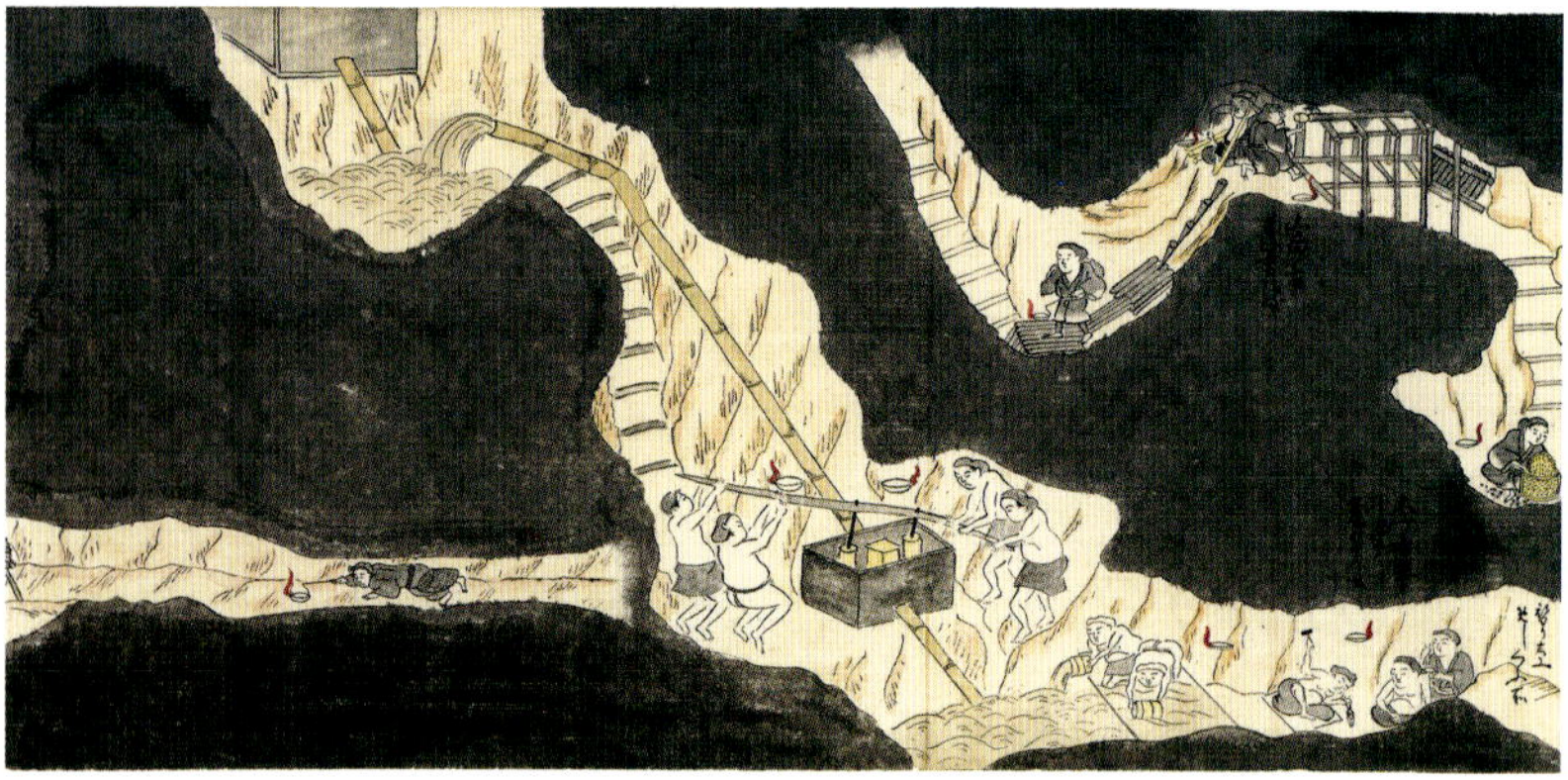

7.「金銀山敷岡稼方図」より、阿蘭陀水突道具を用いた排水の様子（九州大学総合研究博物館所蔵）

8.「金銀山敷内稼仕方之図」(国立公文書館所蔵)

9.「金銀山敷岡稼方図」(新潟県立歴史博物館所蔵)

を寛政一二（一八〇〇）年に写したという国立公文書館所蔵「金銀山敷内稼仕方之図」【図8】がある。また、国立科学博物館所蔵「佐渡国金掘之図」は、嘉永七（一八五四）年に京都の三谷《みたに》春成《はるなり》という四条派の絵師が描いたもので、従来の絵巻にはみられない独自の構図となっている。

新潟県立歴史博物館所蔵「金銀山敷岡稼方図」【図9】も単なる模写ではない。前段には佐渡金銀山絵巻の坑内部分や「道遊の割戸」の部分を写し、後段には絵巻の模写とは別に佐渡の金石類・銀石類などの文字情報を写して、一本の巻子仕立としている。前段末尾には「信ノ伊奈郡飯田領時又村今村忠蔵（花押）」、後段末尾には「宝暦四（一七五四）甲戌年十月廿六日江府松算ヨリ越之」といった文字記載がある。現在の長野県飯田市域の人物が鉱山や鉱物への関心から写した可能性も考えられる。

新潟県立歴史博物館所蔵「佐渡金銀山稼方之図」【図10】は、幕府から佐渡に派遣された西洋流砲術指導者の木村太郎兵衛に対する土産として、安政三（一八五六）年に石井文峰《いしいぶんぽう》という画工に描かせたという由緒書が巻末にある。従来の絵巻を参考にしながらも独自の構図を交え、文人画風とでもいえるようなタッチで描いている。そして、この絵巻は江戸に持ち帰られて、二代歌川広重の浮世絵である安政六（一八五九）年「諸国名所百景　佐渡金山奥穴の図」および文久二（一八六二）年「諸国六十八景　佐渡金やま」【図11】の種本となった可能性も指摘されおり、その文化的影響力についても注目される。

他の鉱山絵巻への影響

佐渡金銀山絵巻は他の鉱山絵巻の成立に影響を与えた事例がある。図12と図13は佐渡金銀山絵巻と石見銀山絵巻の坑内部分である。非常によく似ているが、全く同じではない。鉱夫が手にする照明具に注目すると、佐渡金銀山絵巻では「釣《つり》」と呼ばれる鉄製の照明具であるのに対し【図14】、石見銀山絵巻ではサザエの貝殻に油を入れた照明具である【図15】。実際、石見銀山ではサザエの貝殻が照明具として用いられ、「釣」は使用されていない。佐渡金銀山絵巻は一七三〇年代頃に制作されたと考えられるが、石見銀山絵巻の成立年代は一八〇〇年代前期頃であることが近年の研究で明らかになりつつある。よって、石見銀山絵巻は佐渡金銀山絵巻の構図を参考にしながら、石見の実態に合わせて描かれたと考えられる。

また、越中国（富山県）の「松倉金山絵巻」（魚津歴史民俗博物館所蔵）や周防国（山口県）の「一ノ坂銀山絵巻」（山口県文書館所蔵）として伝わる絵巻も佐渡金銀山絵巻そのものに手を加えたり、参考にして成立したものとみられる。

海外のコレクションとなった鉱山絵巻

佐渡金銀山絵巻は海外にも持ち出されて、日本の鉱山文化を伝える大きな役割を果たしている。ドイツ・ルール大学のレギーネ・マティアス氏の研究によれば、幕末期の来日外国人や明治時代に来日した御雇外国人の鉱山技師、古美術品のコレクターらによって日本国外に持ち出された絵巻などが、イギリス、アイルランド、ドイツ、ロシア、アメリカなどに保管されているという。たとえば、イギリスの大英図書館やドイツのミュンヘン国立民族学博物館には、江戸時代末期に二度目の来日を果たしたドイツ人医師シーボルトが持ち帰った絵巻が所蔵されている。また、アイルランドのチェスター・ビーティ・ライブラリー所蔵の絵巻は、明治時代前

10.「佐渡金銀山稼方之図」(新潟県立歴史博物館所蔵)

11. 二代歌川広重「諸国六十八景　佐渡金やま」(長岡市立中央図書館所蔵)

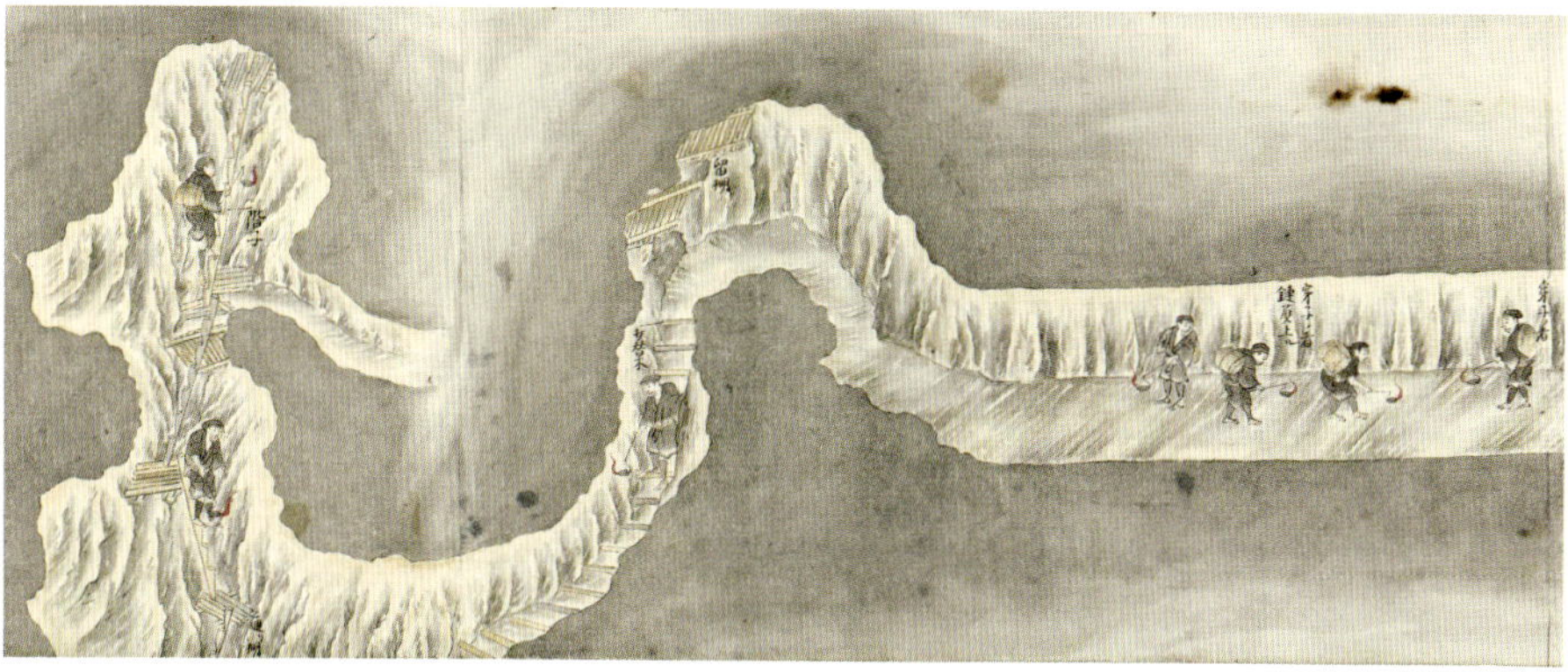

12.「佐渡国金銀山敷岡稼方図」より、坑内部分（新潟県立歴史博物館所蔵）

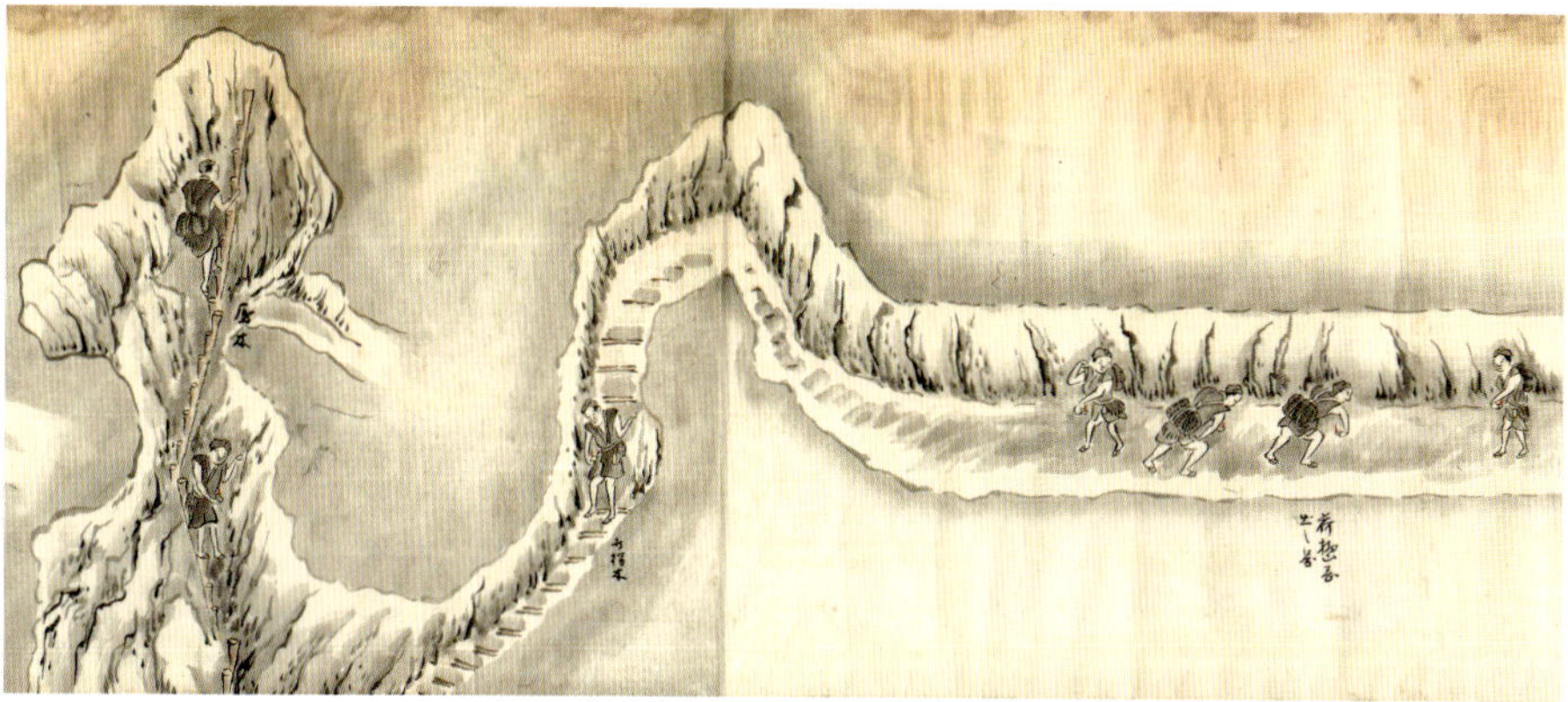

13.「石見銀山絵巻」より、坑内部分（個人所蔵）

15.「石見銀山絵巻」に描かれた照明具（個人所蔵）

14.「佐渡国金銀山敷岡稼方図」に描かれた照明具
（新潟県立歴史博物館所蔵）

期に冶金技師として活躍した御雇外国人・ガウランドの旧蔵品である。欧米で確認されている日本の鉱山絵巻は、ほとんどが佐渡金銀山絵巻であるという。そして、このようにして伝わった佐渡金銀山絵巻は、古代ヨーロッパの採鉱・製錬過程・技術を知る手段として重要な役割を果たすとともに、佐渡のみならず日本の鉱山全体を代表・象徴するものとして高く評価されている。

以上のように、日本の鉱山絵巻全体の中で佐渡金銀山絵巻の数量、内容、影響力は突出している。このことは、国内最大の金銀山であった佐渡金銀山そのものの存在の大きさや影響力、そして人々の関心の高さを反映するものと考えられる。佐渡金銀山絵巻のように、一〇〇年以上にもわたる鉱山の経営や技術の変化をビジュアルに追える史料が残されている鉱山は世界にも類例がない。佐渡金銀山絵巻とそれを生み出した佐渡金銀山は、まさに世界に誇れる遺産といえよう。

主要参考文献

相川郷土博物館編『佐渡と金銀山絵巻　開館四十周年記念特別報告書』（相川郷土博物館、一九九六年）
国立科学博物館編『日本の鉱山文化　絵図が語る暮らしと技術』（国立科学博物館、一九九六年）
鈴木一義「『佐渡国金堀之図』を読み解く」（『ビジュアルＮＩＰＰＯＮ　江戸時代』、小学館、二〇〇六年）
新潟県教育委員会・佐渡市編『佐渡金銀山絵巻　絵巻が語る鉱山史』（同成社、二〇一三年）
鳥谷芳雄「石見銀山絵巻上野家本について（２）」（『古代文化研究』21、二〇一三年）

第四章　世界遺産登録へ向けて

鉱山都市の新たな「堂々たる秩序」

五十嵐敬喜

はじめに

佐渡金山の世界遺産登録申請が準備されている。金山（鉱山）がなぜ世界遺産なのか。法隆寺、金閣・銀閣などの寺院や仏閣、あるいは姫路城といった絢爛な事例に比べるといささか戸惑いを覚える。しかし、石見銀山に引き続き、富岡製糸場が世界遺産に登録されたことで、先の寺院などのような建築物とは異なる別の「価値」の存在が、世界遺産によってひろく理解されるようになったのではないか。

別の価値とは、人類の長い歴史のなかで、ある画期的な飛躍をもたらしたものであり、その象徴的なひとつが「産業」である。しかし、これらは、放置しておくと、技術の革新などにより、遺物として廃棄され、消失する。佐渡の金山もその代表的なものといってよい（これまで世界各地の岩塩鉱、鋳鉄橋、水管理システム、運河、山岳鉄道、無線局、灌漑設備などが産業遺産として世界遺産に登録されている）。

そこでこれらを保存することを世界的に確認したのが、国際記念物遺跡会議（ICOMOS）と国際産業遺産保存委員会（TICCIH）による「産業ヘリテージを継承する場所、構造物、地域および景観の保全に関する共同原則」（二〇一〇年一〇月八日）であった。その前文は、次のよう始まる。

「世界において、産業の採掘並びに生産などの人類の活動を、多種多様な場所、構造物、複合施設、都市・居住地、景観、経路が証言している。多くの場所においてヘリテージは現在も稼働中であり、歴史の継続性から工業化は今も進行中である。また他の場所においては、ヘリテージは過去の活動やテクノロジーの考古学的証明になっている。産業のヘリテージには、工業技術・プロセス、エンジニアリング、建築、都市計画に関連する有形なものに加えて、労働者やそのコミュニティに伝えられる技能、記憶、社会生活など無形な側面が含まれる」。

本稿もこのような文脈のなかに位置づけられるのであるが、ここでは金山そのものではなく、金山を支えた「無形なもの」、そしてその典型としての江戸時代佐渡の首都となった「相川の町」を取り上げていくことにしたい。

鉱山町にとって宿命的なことは、その運命がただひたすら鉱山の盛衰にゆだねられているということである。佐渡の金山は今閉山されている。それは何故か。また今後どうなるのか。世界遺産登録申請を機に、これを考えてみようというのが本稿である。

金銀山と鉱山町としての相川

佐渡の人口は昭和四〇（一九六五）年の段階で約一〇万三千人*、相川町も一万六千人の人口

佐渡の人口
現在の佐渡市は、二〇〇四年に佐渡の全市町村（両津市、相川町、佐和田町、金井町、新穂町、畑野町、真野町、小木町、羽茂町、赤泊町）が合併して発足した。

を擁していた。しかしこれが、三〇年後の一九九五年にはそれぞれ七万五千人と一万人に減少し、現在の佐渡市の人口は約六万人である。今も毎年千人の人口が減少（うち七割が死亡などの自然減、三割が離島などの社会減）するという日本の少子・高齢化をそのまま地で行く島である。

中心地もかつての首都相川から、島の中央に位置する両津に移った。「街道をゆく」シリーズで名高い作家司馬遼太郎が、一九七〇年代に佐渡を訪ね、「黄金と現金収入の魅力が、江戸初期に造られたこの町に人々を惹き寄せたのだが、江戸末期には金山も衰退し、今では相川の町を成立させた金山そのものが稼働していないのに、町そのものは堂々として……アメリカのゴールドラッシュで出来た町がやがて黄金がなくなると消えてしまったようにはならず……生き残っている。不思議な町である」（『街道をゆく10　羽州街道、佐渡の道』）と描写した。そしてさらに「町の色調にはどの絵具でも出せないような深みがあり、さらには町中の谷川と、その両岸の家並みが構成する景色を眺めていると、着古して初めてできるような秩序がある」と記している。この着古して初めてできるような「堂々たる秩序」はもちろん歴史的につくられた。

相川は江戸に入る前の戦国時代、海辺に十数軒の家しかない寒村であったが、一六〇一年に佐渡金山が発見され江戸幕府の直轄地になり、奉行所が開設される。人口も増加し、江戸時代前期には四～五万人と推定される「大都市」に成長した。以降、一八六八年の明治維新までの約二六〇年間に、金四〇トン、銀一八〇〇トンを産出し、国内はもちろん世界でも有数の鉱山となった。

明治維新によりこの鉱山は新政府（一時宮内庁）に移り、その後民間に払い下げられるが、江戸初期の手掘りの増産時代から中期、後期にかけて徐々に衰退し、明治維新を経て一気に大増産に向かうという変遷を見た。明治維新以降の大増産は大型機械による採掘、選鉱、運搬の近代化（技術革新）によるものであった。

ここでまず、このような金の産出量の変遷が相川にどのような変化をもたらしたかを見ておこう。なお佐渡金山の世界遺産登録は大きく七つの構成資産（西三川砂金山、鶴子銀山、相川金銀山、吹上海岸石切場跡、片辺・鹿野浦海岸石切場跡、近代化産業遺産の戸地川第二発電所、大間港）からなり、相川地区（一四七ヘクタール）は、西三川砂金山、鶴子銀山の鉱山、施設とともに町そのものが構成資産となっており、さらにこれが、道遊の割戸、宗太夫間歩、南沢疎水道、佐渡奉行所跡、御料局佐渡支庁跡、鐘楼、大立地区、間ノ山・高任地区、北沢地区などと細分化されている。本稿ではこのうち、相川金銀山そのものと上相川地区、上寺町地区、相川上町地区の三つについて見ていくことにしたい。

相川金銀山跡

【所有者】財務省、新潟県、佐渡市、4法人（長名寺、大乗寺、戸河神社、稲荷神社）、自治会、2企業、43個人

上相川地区

【概要】一五〇ないし二五〇メートルの段丘およびその斜面地に位置し、佐渡最大の規模を持つ相川金銀山に隣接している。ここは、一六世紀末から一七世紀初頭にかけて、金銀生産に携わった人による鉱山集落である。総面積、東西約八〇〇メートル、南北約三〇〇メートル、総面積二〇ヘクタール。現在は無人の廃墟である。最近の調査により、テラスや石垣、道路や水路跡などのインフラのほか、土器や陶磁器、煙管なども見つかり当時の様子をしのばせる。

【所有者】佐渡市、農林公社、3法人（萬照寺、相運寺、総源寺）、1企業　37個人

【指定】二〇一三年　史跡指定

上寺町地区

【概要】江戸時代の相川市街地の一部。上町地区と初期鉱山集落相川地区に挟まれた急斜面地に造成された地区。一七世紀前半には九つの寺を中心に街並みが形成。宗派の異なる寺院が密集し寺町にふさわしい景観。相川にはこの時期、百を超える寺院が創建された。鉱山の反映によって各地から集まってきた人々が郷里から寺院を移したものであり、一八世紀後半以降は減少。鉱山採掘関係者、選鉱、精錬関係者、地役人、奉公人、職人、針仕事師が居住した。

近年、寺院はすべて下町などの寺院に合併され、万照寺以外、人家はなく、かつての町割りをしめす道や、石積みの寺院跡、墓石を残す墓地が残っている。

【所有者】財務省、農林水産省、佐渡市、9法人（8寺、1神社）、2企業、135個人

【指定】二〇一四年史跡追加指定

相川上町地区

【概要】初代佐渡奉行大久保長安による一七世紀初頭に行われた都市計画によって、鉱山と奉行所を結ぶ道を整備された。この道は山から海に向かって傾斜したやせ尾根上に整備された。道に沿って職業別の町割りが行われた。大工町、山師の名前を入れた新五郎町、六右衛門町、商家の並んだ京町、八百屋町、味噌屋町などの名前が残っている。一七五九年には奉行所敷地内に選鉱、精錬作業を行う作業所ができ、奉行所周辺に集中していた地役人は上町に散在するようになった。世界に類を見ない大規模な臨海鉱山都市。

【所有者】245軒（店舗、作業小屋37、空き家78含む）、寺院その他

【指定】二〇一五年　重要文化的景観の指定を検討中

なお文化的景観は、「地域における人々の生活又は生業及び当該地域の風土により形成された景観地で我が国民の生活又は生業の理解のため欠くことのできないもの」（文化財保護法第二条第一項第五号）であり、重要文化的景観は「都道府県または市町村の申し出に基づき、文部科

学大臣が景観区域または景観地区に規定する文化的景観のうち特に重要なもの」とされている。

上相川の変貌

上相川の町は日本最大の金生産量を誇った金銀山をコアにして、当初は「道遊の割戸」の露天掘り採掘のために、意識的に集められた（全国から応募もある）様々な職人を中心に極めて計画的につくられた集落（インフラの遺跡や生活道具、工場跡だけでなく集落の在り様を示す鍛冶町、田町、弥左衛門町、九郎左衛門町などの「山師」の名前がついた地区が確認されている）であり、たぶん露天掘りがひと段落するころまで作業が続けられた。しかし海辺の近くに奉行所を中心とした役所、さらにこの奉行所の中に選鉱や精錬を行う作業所がつくられ、次第に、上町は「武家地」、下町には町民が集まるというように分解し、さらにその周辺に寺などが集まる人口五万人を超える町に発展していった。さらに宗太夫間歩などの斜坑道が掘られ始めるにつれて、徐々に人がいなくなり、相川に集中するようになったのである。最盛期のころ（一七〇〇年代初期から一八〇〇年）、この町は大工町、新五郎町、上京町、中京町、下京町、八百屋町の主街道を中心に両側に様々な職人（山師、勝場仕事師、荷揚げ、家大工、桶屋など）の鉱山職人のほかに針仕事、商人、髪結い、小間物屋などの商人の家が立ち並ぶ一大都市を築いたのである（佐渡相川「京町」京町通りを守る会）。しかし、司馬遼太郎が「堂々たる町」としてみたのはこの町ではない。

この金山は江戸後期には衰退の道をたどっていた。当初開山してまもなくの一六四一年の八トンを頂点とすれば、一八二一年頃には産出量はその一割ほどにまで減ってきていて、明治維新によって新政府が受け継いだ一八六九年頃は、いわば低空飛行状態といってよかったのである。この金銀山の産出量の低迷は、ダイレクトに町の盛衰にもかかわる。単純に言えば産出量が一〇分の一になれば町もそれに比例して縮小する。司馬が言うようにアメリカのゴールドラッシュの町は閉山とともに影も形もなくなる。

しかしここ相川町はそのような町とは違った。

減産を続けていた金は一八八一年から急激に上昇カーブを描き、一九四一年にはかつてのピーク八トンをはるかに超える一二トンを産出することになる。これは言うまでもなく明治維新政府が従来のいわゆる手掘りの技術から産業改革、つまり機械式の鉱山開発に変更したためである。よく知られているように、招聘された外国人技師は、鉱石の火薬爆破、水銀による精錬、垂直な坑道、ロープウエイによる運搬、発電所の建設などを導入し鉱山の様相を一変させた。さらに昭和に入り政府は貿易の支払いのための金銀の増産を命じるようになり、大量生産に拍車がかかるのである。

これによって職人の町相川も当然ながらその様子を劇的に変える。職人の町は鉱山住宅の建設などによる労働者の町に一変していくのである。そしていま私たちが相川に見ている風景については、司馬の「相川は山地であるために一戸ずつの占有面積は切り詰めて町がつくられている。そのためどの家も小さい。それにどの家の瓦も板塀も格子戸も古びていて、江戸期とまでは言えないが、明治、大正の色調を帯びている」という指摘が、この意味で正確なのである。そしてさらに言えば、このような産業革命によるこの町の変貌は、ここで終わるのではなく、さらにどんでん返しを食らうことになる。それが一九八九年の佐渡金山株式会社による生産量

相川上町地区の京町の町並み。江戸時代、大久保長安により本格的な都市計画が行われた。撮影：西山芳一

相川金銀山に残る近代鉱山遺構のひとつ、大立竪坑の坑内捲揚室。撮影：西山芳一

の減少による休山である。

閉鎖は正真正銘鉱山にかかわってきた人々すべてを無用とする。職人はもちろんだが、新たな工場労働者も不要となったのである。では町は消滅したか？　普通のシナリオでは消滅は必然であった。しかしここはそうではない。それは三菱が鉱山を「観光施設」に変えたからである。鉱山が観光施設になる。これは三菱にとってもまた相川の人々にとっても大きな冒険であったに違いない。このころ、実は人口減少時期を迎えて、佐渡全体も生き残りのシナリオとして観光を大きな目玉商品にする、という戦略があった。相川の観光戦略もこれに呼応したのかもしれない。

そこで観光という目で佐渡を見ると、日蓮、世阿弥、順徳天皇などの流人、多くの寺院、能とその舞台、相川音頭や佐渡おけさなどのよう歌と踊り、そして鬼太鼓、宿根木と千石船、さらに最近ではいうまでもなく「朱鷺の再生」は圧倒的な観光資源といえよう。もちろん海と食事なども観光の重要な要素である。こうしてみるとこの小さな島は日本だけでなく多分世界でも指折りの観光資源の宝庫だということがわかる。金山と相川町もこうして観光都市に変身していくのであり、それは必然でもありまた順調にも見えた。

堂々たる秩序

相川の世界遺産登録は、この観光とも密接に関係している。そこで改めてこの観光について見てみよう。佐渡の人口の全体的な傾向は先に見たが、二〇一四年八月現在、島全体で約六万人となった。一見順調そうに見えた観光も一九九一年の一二一万人をピークに現在は半分以下の五三万人に減少している。

一般的に言えば、佐渡では今もって団体客相手の「複数人利用大きな部屋、大きな広間での食事」といった従来的な観光イメージから脱却できず、ビジネスホテルや民宿など多様な受け入れ先が開発されていない。あるいは東京からの高速船を含む時間と費用、さらには佐渡島全体での交通の不便など、総じて「新たな観光」への準備不足を指摘する声が大きい。しかし、そのような要因はもちろんだが、そこからの脱却のためにも、相川町全体の魅力を高めるということが必要であろう。そしてこの「魅力」の本質こそ司馬の言う「堂々たる秩序」であり、観光土産の質の向上や、史跡を巡る周辺散策路の整備、ボランティアを含むガイドの育成、相川音頭と祭り、各種イベントなどもこの内部魅力の構築と強化のためのものでなければならない。

そこでこの「堂々たる秩序」すなわち「内部魅力」の構造を再確認すれば、おおよそ次のとおりとなる。

相川は、鉱山に合わせて作られ、鉱山の盛衰がそのまま町の盛衰にかかわってきた。その歴史が実に見事に現存している。上相川地区の廃墟は、江戸初期そこに実に見事に都市計画され存在した町がすべて消え失せた、というそのことの一点で、現代人の想像力を掻き立てる。この廃墟に隣接する「道遊の割戸」は手掘りによる採掘の結果としての人間の労働の在り様を示唆していて、産業遺産の価値とは異なる多様な詩情や文学を生み出す。

鉱山の歴史は、山の上から港まで「順序」よく表れてくる。廃墟、明治・大正を思わせる昔懐かしい町並み、鐘楼、行政だけでなく工場を併設したまさしく鉱山都市にふさわしい比類なき奉行所、東洋一の規模を誇った浮遊選鉱場、直径五〇メートルの円形シックナーなどの近代化遺産、そして人々の生活品や金山採掘の材料を取り入れ送り出した港。ここでは一連の歴史

鉱山用の港として建造された大間港。港湾の基礎が築港時のまま残る。撮影：西山芳一

昭和初期の木造建築、旧相川税関（右）と佐州館（2011年撮影）。往時の相川の雰囲気を伝える。撮影：西山芳一

水替無宿人の墓。坑内のわき水をくみ出す過酷な作業につき、坑内事故で亡くなった28名を祀る。　撮影：西山芳一

大久保長安が建立し、相川に浄土宗の信仰をひろめた大安寺。　撮影：西山芳一

とそれを支え、消え、さらに展開させた歴史が物理的に保存されている。おそらく日本だけでなく世界中の鉱山都市のなかでも、これほど見事に、それぞれの時代の産業と人々の生活が保存され、今に生かされている空間は存在していないであろう。ここでは歴史は削除されず、少しずつ場所を移動させせながら共存している。

この独特な鉱山都市の秩序のなかで、ある意味での「深みと凄さ」をもたらしているのが、「寺院」と「無宿人」あるいはさらに「遊郭」といったものである。上寺町などに当時百もあったという寺院の存在は何を物語るのであろうか。全国各地から集まってきた職人が故郷からそれぞれの「神」を背負ってきた、佐渡の伝統的な信仰心が混合した、さらには過酷な労働や事故による死者に対する弔いの心が凝縮している。あるいは様々な地域からバラバラに集まった人々が、宗派を中心にしてコミュニティを形づくっていったなどの理由が考えられるが、対人口比でいえば相川は日本でも有数の密度の高い信仰空間だったことは疑いを入れない。

このなかでも異彩を放っているのが「無宿人の墓」である。佐渡市研究家の磯部欣三は、その著書『無宿人　佐渡金山秘史』（一九六四年、人物往来社）のなかで、「無宿人水替えはその大半が、島で命を朽ち果てたと思われるが、墓は一つしかない。あっても識別できない。あのような過酷な労働を強いられ、監禁生活をしていたので、やっぱり手記も、ナマナマシイ告白も後世に残さなかった。これが庶民の世界である」（一七七八年以降、幕府は一般にならず者で通っていた無宿者を、当時坑内でも最も苛烈な排水作業にあてるため、水替人足として佐渡に送り込んだ。差下し数一八四九人、うち病死三六人、逃亡一二人、受取り数一八〇一人）と記している。そして作家津村節子はこの水替人足の運命を「遊郭」の女との「心中」として『海鳴』

（初版一九六五年、講談社）で鮮やかに描き出したのである。鉱山はゴールドラッシュをもたらした。そのゴールドラッシュはもの言わぬ（言えぬ）庶民の苛烈な労働によって支えられていたということも秩序の本質的要素である。

佐渡の人々の営みを世界に伝える

金山は採掘、選鉱、小判などの加工まで一貫したシステムを有していた。町の構成も人々の職業や生活もこのシステムと一体となっている。このシステムは鉱山都市に特有なものであり、それが他に類を見ない独特な都市を構成するのも当然といえよう。相川は大きく言えば江戸時代の職人のシステム、明治以降の近代産業によるシステム、さらに鉱山都市から観光都市への転身のシステムを、共存させている。鉱山は鉱山だけで成り立つものではない。これが今回、鉱山だけでなく、町も鉱山と一体なものとして構成資産としている大きな理由である。これらは相川の魅力を高める秩序としてより強化されなければならない。

しかし、この秩序は観光都市への転換時点で大きな宿題を抱えていることはすでにみてきた。少子・高齢化の波、観光客の減少、そしてその必然としての空地・空室の増大である。これを放置するとこのような秩序も内部崩壊しうる。歴史的にどのような偉大な都市であっても、人がいなくなればやはりそれは消滅する以外にないのである。

そこでもう一度、前記構成資産の「所有者」の項を見てみよう。この表を見ると、相川金銀山跡は道遊の割戸、宗太夫間歩などの資産はほとんどが新潟県や佐渡市の所有となっていて、ここは史跡に指定されている。上相川地区は個人所有部分もあるが、ここもほとんど佐渡市や宗教法人の所有であり、しかも国の史跡に指定されていて遺跡の発掘はあっても、およそ開発は考えられない。上寺町地区も個人もあるがおおよそが新潟県・佐渡市さらに九寺、一神社などの所有であり史跡に追加指定されるなどしているためこれまでどおりである。問題は相川上町地区であり、ここは二四五軒の個人所有が主体であり、ここに空地・空室が発生しているのである。そこで国・県・佐渡市は公共施設の充実、空地・空室の積極活用、さらにここを「重要文化的景観」に指定し、色彩、ファサード、高さなどをコントロールしようとしている。

世界遺産登録申請は、この相川上町地区の再生事業と並行して行われる。二〇一三年三月、地元で行われた「金を中心とする佐渡鉱山の遺産群」「歴史資料から見る佐渡金銀山」(新潟県教育委員会・佐渡市)のシンポジウムで、パトリック・マーチン国際産業遺産保存委員会会長は「環境、技術、技術の変遷、保存レベル、これらの要素はすべて、社会的な文脈でのみ大事なものであり、鉱山の世界遺産への推薦は佐渡の人々に対する推薦なのです。金、深い坑道、稼働した大きな機械などを考えるのも大事ですが、それらを人間社会という文脈で考え、また人々の営みにもふれなければ意味がない」と述べた。現代的な秩序をつくるのは江戸幕府でも、明治政府でも、大きな企業でもない。国や自治体と協働する個人、すなわち市民である。

かつてのもの言えぬ庶民は自由な市民になった。自由な市民はこの愛する相川にどのような秩序を付け加えるか。世界遺産登録とはこの営みを世界中の人々が注目する大作業なのである。

世界遺産登録をめざす地域の取り組み

北村 亮

運動のはじまり

一九九七年秋、当時の相川町役場応接室で、石見銀山の世界遺産登録に関わっていた佐渡出身の研究者を招き、佐渡金銀山の世界遺産登録の可能性について話し合いが行われた。今日に続く、世界遺産登録に向けた動きの始まりであった。

佐渡島では、金銀をはじめとする鉱山跡が五〇か所以上も知られており、島のほぼ全域に分布している。世界遺産に向けてこれら鉱山跡やまちなみ、また鉱山から派生した芸能や棚田などを対象にした調査研究を進めていくためには、全島が一体となって取り組みを進める必要があったが、当時はまだ市町村間【註1】で世界遺産登録に対する考えに温度差があり、足並みが揃わない状態が続いた。

そのような中、佐渡市町村会が調整の中心となり、佐渡金銀山が世界遺産に登録されるよう国に働きかけることを求めた要望を取りまとめ、全市町村の首長連名で県教育委員会あてに要望書を提出したのが一九九七年一一月一〇日であった。しかし、世界遺産登録に向けて県と市が一体となって本格的に動き出すのは、全島が合併して一市となる二〇〇四年を待たなければならなかった。

この年、佐渡市教育委員会生涯学習課に世界遺産担当部署として初めて佐渡金銀山室が設置された。一方、新潟県では二〇〇六年に教育委員会文化行政課に専属の職員一名を配置、さらに、翌年には課内に世界遺産登録推進室を設置している。その後の登録運動をリードしていく行政の推進体制が、ここに整うこととなった【註2】。

公募制度への挑戦

ユネスコへ推薦されるためには、前提条件として各国の推薦資産候補のリスト、いわゆる暫定一覧表に記載されていなければならない。我が国では、一九九二年に世界遺産条約を締結して以降、国が独自に候補を選定・記載してきたが、二〇〇六年に新たな試みとして自治体からの公募を実施した。

佐渡金銀山もそれまでの調査研究の成果をまとめ、資産名称「金と銀の島、佐渡　鉱山とその文化」として、県と市が共同で提案書を提出したが、すでに世界遺産へ推薦していた石見銀山との比較研究や、佐渡金銀山が世界に与えた影響などの検討課題が国から示され、継続審議となった。翌年、内容を見直して再提案を行い、二〇〇八年に世界遺産登録されたばかり

日本の暫定リスト

No.	物件名	所在地	暫定リスト記載年
1	武家の古都・鎌倉	神奈川県	1992
2	彦根城	滋賀県	1992
3	飛鳥・藤原の宮都とその関連資産群	奈良県	2007
4	長崎県の教会群とキリスト教関連遺産	長崎県	2007
5	国立西洋美術館本館	東京都	2007
6	北海道・北東北を中心とした縄文遺跡群	北海道・青森県・岩手県・秋田県	2009
7	明治日本の産業革命遺産	福岡県・佐賀県・長崎県・熊本県・鹿児島県・山口県	2009
8	宗像・沖ノ島と関連遺産群	福岡県	2009
9	金を中心とする佐渡鉱山の遺産群	新潟県	2010
10	百舌鳥・古市古墳群	大阪府	2010
11	平泉（拡張登録申請）	岩手県	2012

世界遺産リストに記載されるまで

1 条約締約国の推薦

締約国の政府が国内の世界遺産候補地の中から、条件のそろったものを世界遺産委員会（締約国21か国で構成された政府間委員会）に推薦。世界遺産委員会の事務局としての機能はUNESCO世界遺産センターが担っている。

2 専門機関による調査

世界遺産委員会の依頼により、文化遺産はICOMOS、自然遺産はIUCNが候補地の評価調査を行う。

3 世界遺産委員会での審議

ICOMOSやIUCNなどの専門機関による評価調査報告を受け、毎年1回開催される世界遺産委員会において、世界遺産リストへの記載の可否を決定。

参考資料：『世界遺産年報2014』

の「石見銀山遺跡とその文化的景観」との拡大統合を条件に、暫定一覧表への記載が決定したのである。

その後、文化庁では島根県・大田市との調整を続けたが、石見側の了解は得ることができなかった。結果的には、佐渡金銀山に関する調査研究の進展により、金を中心としたストーリーで佐渡単独でも登録の可能性が高まったことから、二〇一〇年六月一四日の世界遺産特別委員会で名称を「金を中心とする佐渡鉱山の遺産群」と変更して、暫定一覧表に記載することが決定した。

二〇一〇年九月には、新潟県が各分野の専門家による「佐渡金銀山世界文化遺産学術委員会」を設置し、推薦書案の作成を本格化させ現在に至っている。

登録実現に向けた様々な取り組み

近年ユネスコでは、資産の保全と活用について地域（住民）の理解と支援体制を重視しており、包括的保存管理計画に盛り込むことが求められている。

これまで佐渡金銀山の登録に向けた取り組みは、推薦書案の作成や資産候補の国文化財指定など、主に行政が担う事業を中心に進められてきたが、ここ数年は登録推進のための支援団体や地元企業、また佐渡島内の学校などで積極的な取り組みが始まっており、課題であった地域の盛り上がり（機運醸成）が目に見えるものとして感じられるようになってきた。これらの活動が、登録後の官民一体となった保存管理体制につながっていくものと期待される。

提案書、2006年版（左）と2007年版（右）

地元団体の活動

地元佐渡を中心に、様々な支援団体がそれぞれの目標・目的を掲げて活動を展開している。個別の遺跡を対象にした組織では、「佐渡金銀山の古道を守る会」「鶴子銀山へ続く道を歩こう」「上相川を守る会」「新穂銀山友の会」「京町通りを守る会」「笹川の景観を守る会」などが地域に密着した活動を行っている。決して会員数は多くないが、各地の鉱山跡や遺跡、古道やまちなみを守るために、地域の人々が中心となって草刈りや遊歩道の整備、遺跡見学会の開催など、地元の文化財を宝として保存・管理していくために尽力している。

また、これらとは別に県・市が実施する様々な普及啓発事業を支援し、世界遺産登録運動の周知を図るために積極的に活動している組織として「佐渡を世界遺産にする会」と「佐渡を世界遺産にする新潟の会」がある。会員の輪は佐渡市全域や県内外に広がっており、会員数もそれぞれ二千名、八百名と大きな会に発展している。Tシャツやステッカー・ピンバッチの作成、独自の講演会開催なども実施しており、登録運動のピーアールに貢献している。

なお、両団体では、会員数の増加がそのまま運動の広がりにつながるという側面があり、会員の募集・拡大そのものが活動の大きな柱の一つにもなっている。

学校での取り組み

将来の資産の保全と活用を担っていくのは、地域の子どもたちである。佐渡市では、地元の歴史や文化などについて理解を深め、郷土を愛する心を育てることを目的とした「佐渡学」の学習を以前から進めているが、特に佐渡金銀山遺跡の中心である相川地区の小中学校では、その一環として相川金銀山の史跡探訪やワークショップを行い、佐渡金銀山の内容や価値についての学習で理解を深めている。

相川中学校では二〇〇六年から総合学習で学んだ成果を実践するかたちで、夏休み中に観光客への史跡案内ボランティアガイドを実施している。二名一組で佐渡奉行所から京町通りを一時間ほどで案内しているが、ガイドを受けた観光客の多くは、一生懸命に説明してくれる子どもたちの姿を、佐渡金銀山とともに旅の思い出として心に刻んでいるようだ。

このほか、「相川の面白い風景を大捜索」と題したワークショップで町歩きを行い、写真などを使ったポスターの作成と作品の巡回展示を行っている。こうした活動を通じて子どもたちは、自分の住む地域の価値と魅力を再発見し、世界遺産登録に少しでも貢献していると実感し

相川中学校の生徒による観光ボランティアガイド

「相川の面白い風景を大捜索」ポスターの作成

ているようである。なお、これらは指導にあたる教師や地域住民の熱意に支えられていること
を忘れてはならない。

県民会議の設立

二〇一四年二月九日に県内の各種団体が参加して、「佐渡金銀山世界遺産登録推進県民会議」が発足した。登録の早期実現と価値の継承を目的に、官と民の力を結集して運動を盛り上げていこうという組織で、会員数は現在九五五団体を数える。会費や強い義務などの負担は求めず、それぞれが可能な範囲で世界遺産を永く応援していこうというものである。発足して未だ半年ではあるが、佐渡で地元支援団体と一緒になって竹林伐採や草刈りを実施したり、コンビニ店頭での募金活動（市世界遺産推進基金に寄付）や事務所内でのポスター掲示など、多くの会員

県民会議の会員による竹林伐採ボランティア

保存管理体制

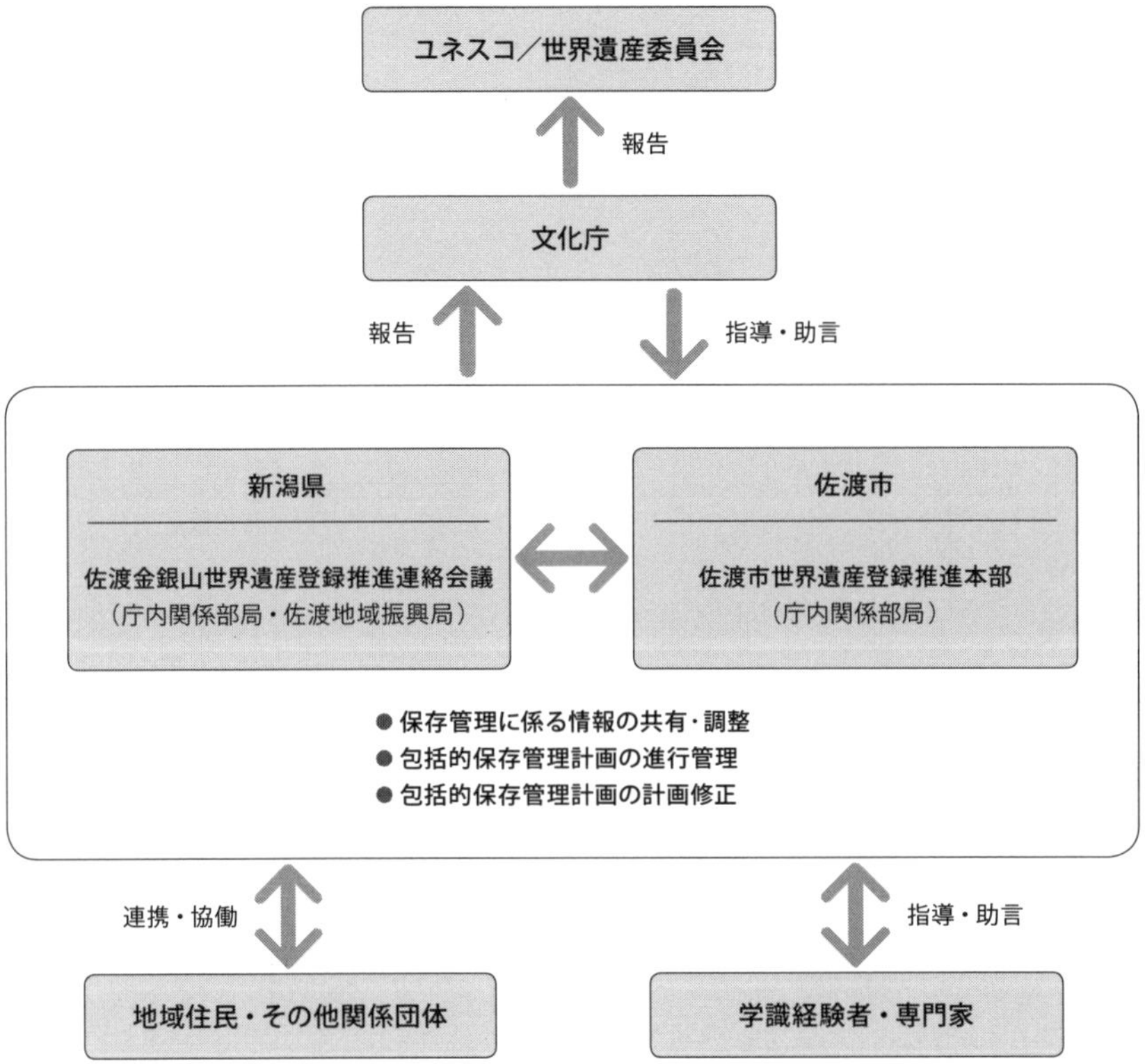

ユネスコ／世界遺産委員会
報告
文化庁
報告
指導・助言
新潟県
佐渡金銀山世界遺産登録推進連絡会議
（庁内関係部局・佐渡地域振興局）
佐渡市
佐渡市世界遺産登録推進本部
（庁内関係部局）
●保存管理に係る情報の共有・調整
●包括的保存管理計画の進行管理
●包括的保存管理計画の計画修正
連携・協働
指導・助言
地域住民・その他関係団体
学識経験者・専門家

が積極的に取り組んでおり、さらなる活動の広がりが期待されている。

このほか、行政で世界遺産を担当する県と市の担当課では、年三回ほど定期的に協議会を開催し、各種事業の進捗状況確認・修正や次年度計画・予算の協議などを行なうなど、効果的・効率的な事業を実施するほか、庁内関係部署との連絡会議や登録推進本部を設置し意識統一と開発事業との調整などに対応している。今後は、佐渡島内の地域振興や公共事業を担当する新潟県佐渡地域振興局なども加え、県・市の関連部署による具体的な課題の取り組み機関として定期的な協議の場を設けることを検討している。

なお、新潟県選出の国会議員や県議会・市議会でも推進議員連盟が設置されるなど、それぞれの立場で登録推進への後押しが行われており、政官財学が一体となった運動が動き始めている。

登録後を見据えて

私たちは、「金を中心とする佐渡鉱山の遺産群」の持つ顕著な普遍的価値を次世代に継承し、資産の保存管理、緩衝地帯の保全を将来にわたって確実に行っていかなければならず、そのことはユネスコへ提出する包括的保存管理計画にも明記しなければならない。

もちろん、一義的には佐渡市と新潟県が責任を持って進めるが、実施にあたっては地域のまちづくり計画との整合や民間団体や地域住民が参加できる体制の整備など、より実効性のあるものにしていく必要がある。そのためには、島民をはじめ県民一人一人が佐渡金銀山の素晴らしさを正しく理解し、郷土の宝物として守り伝えていこうという気持ちを共有することがなにより大切である。

佐渡島には、鉱山に関連して育まれてきた能や文弥人形などの民俗芸能や、鉱山技術を受け継ぐ棚田や水路などが豊富に残る。また、数千万年に及ぶ金銀鉱脈生成のダイナミズムを示す自然景観が島内各所に存在しており、世界ジオパーク(日本ジオパーク認定済)をめざした取り組みも進められている。佐渡市では、世界文化遺産とジオパーク、さらに二〇一三年に日本で初めて登録された世界農業遺産を加え「佐渡三資産」として発信しているが、豊かな自然と歴史・文化、またそれらが融合した風景そのものが島の魅力なのであろう。

新潟県と佐渡市では、二〇一五年度のユネスコへの推薦、二〇一七年度の登録実現をめざして取り組みを進めているが、推薦書案の作成や国文化財指定の促進などのほかにも、やるべき課題は山積みである。石見銀山や六月に新たに登録が決まった富岡製糸場の例を見ても、見学ルートの整備、移動手段や宿泊施設の確保、ガイドの養成など、急増する観光客への対応が大きな問題としてクローズアップされている。登録という目標を実現するために残された時間は限られているが、保存管理や活用については、登録後も見据えた方針や実施体制の確立をめざし、官民一体となった取り組みをさらに前進させる時期にきている。

註

1 現在の佐渡市は、二〇〇四年三月に佐渡の全市町村(両津市、相川町、佐和田町、金井町、新穂村、畑野町、真野町、小木町、羽茂町、赤泊村)が合併して誕生した。

2 佐渡市では、登録推進を強化するため、二〇〇九年に担当課を市長部局へ移管し世界遺産推進課を設置した。

佐渡金山、その顕著で普遍的な価値

西村幸夫

はじめに

世界遺産リストに搭載される資産に不可欠な「顕著で普遍的な価値（outstanding universal value）」（世界遺産条約第一条）、この価値を佐渡金山の場合どこに見いだすことができるだろうか。

「顕著で普遍的な価値」を「すべての人類の文化において共通した普遍的な課題に関する顕著な回答」（一九九八年、アムステルダムでの世界遺産に関する専門家会議）【註1】と考えることによって、佐渡金山の価値をまとめてみたい。基礎となる考え方は、筆者も加わって議論が進行している新潟県佐渡金銀山学術委員会でのとりまとめをもとにしている。

普遍的な課題としての貴金属の探求

金や銀、白金などの貴金属は貴重で腐食しにくいため、その探求は古くから人類普遍の欲求であった。特に金は、希少なうえにほとんど酸化せず安定しているので、古くから貨幣や装飾品として世界各地でひろく用いられてきた。したがって金をはじめとする貴金属の探求は人類の普遍的なテーマであるということができる。

では、このテーマに対して佐渡金山はどのような顕著な回答を用意しているといえるか。

金の存在形態は、日本では本書第一章で萩原三雄氏が紹介しているように川金（川底などに堆積している砂金）、柴金（砂金がのちに山野に取り残されたかたちで存在するようになったもの）、そして山金（鉱脈として存在する金）という三つの呼称を持っている。金の採掘は川金・柴金の採取から鉱山による山金の採掘へと時代とともに変化してきた。また、山金の採掘も露頭掘りから坑道掘りへと発達していった。

佐渡の場合、少なくとも一六世紀半ばからの四〇〇年を超える金採取の歴史が明らかとなっている。古文書での証拠をたどるとさらに平安時代末期にまで産金の歴史をさかのぼることができる。

佐渡には長期にわたる金採取の歴史があるので、川金・柴金の採取から近代における大規模な坑道掘りによる鉱山経営までの多様な金採取の歴史を見ることができる。つまり、西三川に見られるような砂金採取から、「道遊の割戸」【五頁写真】に象徴される山金の露頭掘り、さらには上相川から相川、さらに下って明治時代の模範鉱山としての開発の一環として整備された大間港まで、多様な金採取の歴史を体現した資産を概観することができるのである。採掘から選鉱、精錬に至る一連の生産システムが一体となって、各所に遺存していることそのものが金採取のスタイルの顕著な例であるといえる。

つまり、世界文化遺産の構成資産【三五頁表】として佐渡の金採取遺跡群を見ると、西三川の砂金山跡とその後鶴子銀山、相川金銀山とでは景観も遺跡の様相もまったく異なっているが、この差違自体が川金・柴金から山金へ至る金採取の手法の時代的な変化を体現しているということができる。西三川が構成資産として加わっていることは、したがって、異質なものを含み込んでいるというマイナスを意味しているのではなく、佐渡金山の多様性と金採取手法の変化というプラスを意味しているのである。

同時に、佐渡金山は国内の他の鉱山遺跡と比較して、規模が非常に大きかったため、上相川の集落遺跡や鉱山臼の組織的な石切場の存在など、鉱山システムを明解に読み取ることができる資産が多く残されている。この点も佐渡金山の特色であるといえる。

とりわけ産業遺産は、アウトプットとして製品を生み出していくための全体のプロセスを、システムとして把握することが重要であるが、佐渡金山はその点でも優位性があるといえる。もうひとつ佐渡金山が金採取の顕著な回答であるという理由として、佐渡の地に貨幣の鋳造所が置かれたことを挙げることができる。つまり、佐渡金山は徳川幕府の政治体制のなかにそのまま取り込まれていたのである。このような例は国内には他に見ることができないばかりか、世界的に見てもきわめて珍しいといえる。

価値基準の適用

世界遺産に登録されるためには、六つある価値基準【六四頁表】のいずれかに当てはまる必要がある(世界遺産履行のための作業指針第四五項)。佐渡金山の場合、もっともよく適合すると考えられるのが、価値基準(iii)と価値基準(iv)である。

価値基準(iii)とは、「現存するか消滅しているかにかかわらず、ある文化的な伝統又は文明の存在を伝承する物証として無二の存在（少なくとも希有な存在）である」と定められている。

これを佐渡金山に当てはめると、四〇〇年以上の長期間にわたり営まれてきた金鉱山の遺産が生産システムのみならず各時代の生活の様子までよく残されており、金生産をおこなってきた社会の文化的伝統の物証として無二の存在となっているとまとめることができるだろう。

次に価値基準(iv)であるが、これは「歴史上の重要な段階を物語る建築物、その集合体、科学技術の集合体、あるいは景観を代表する顕著な見本」と定義されている。

これを佐渡金山に当てはめると、採鉱から選鉱、精錬という金生産システムの総体とその変遷を見事にとどめている遺産群として、顕著な見本ということができる。特に、中世にまでさかのぼることができる西三川の砂金採取システムに始まり、鶴子銀山、上相川および相川の金銀山は、西洋の影響を受ける以前の日本独自の金生産システムのありようとその進化を明確に示しており、その点では他に例を見ないといえよう。たとえば分業制から初期の工場制手工業へと移行していく過程がそれぞれの遺跡として残されているのである。

加えてこれらの産金の具体的なプロセスは、数多く現存している鉱山絵巻において詳細に記録されており、具体的な個々の構成資産の使われ方や全体のプロセスのなかでの位置づけが明快に描かれている点で他に類を見ない。特に金山に関する情報は国家機密である場合が多く、このような絵図が一〇〇種以上も現存しているということ自体、ユニークな事実である。

これに明治以降に西洋の技術を導入した新たな発展を物語る相川の鉱山諸施設を加えること

により、佐渡金山の産業遺産の集合体はさらに奥行きのある文化遺産となっている。

真実性と全体性のテスト

世界文化遺産として認められるためには、当該遺産が「顕著で普遍的な価値」を持っていることを証明するだけでなく、その構成が真実性のテストと全体性のテストを満足させなければならない。真実性（authenticity）のテストとは、その資産が本物であると証明することであり、全体性（integrity）のテストとは、その構成で必要十分であると証明することである。全体性はときに完全性とも表現されるが、完全性では「パーフェクト」を求めているような語感があり、筆者は全体性の方がふさわしいと考えている。同時に、全体性のテストとしてそれらの資産が十分に保存されていることも示す必要がある。

これを佐渡金山の構成資産に当てはめてみるとどのように判断できるだろうか。

まず、真実性のテストである。

佐渡金山の場合、採掘の位置が時代とともに移り変わり、それに伴って、居住地を含む金生産システム全体も位置を変えてきた。そのことによって、過去の時代の遺跡がそのまま使われずに破棄されてしまったものが、後の時代に大きな改変を受けることなく遺存することになった。

したがって、現存する佐渡金山の構成資産のほとんどはオリジナルの位置、材料を保っているということができる。真実性のテストは問題なく通過することができるだろう。

続いて全体性のテストである。

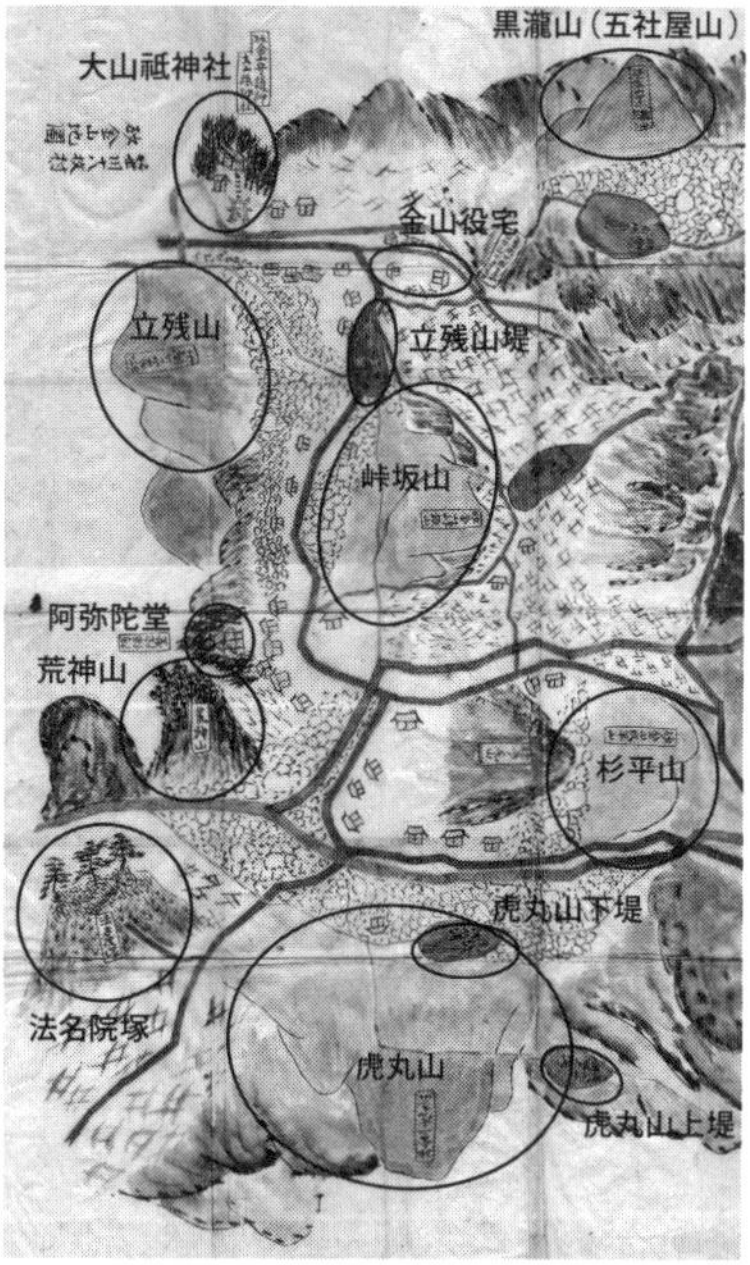

「笹川十八枚村砂金山地図」

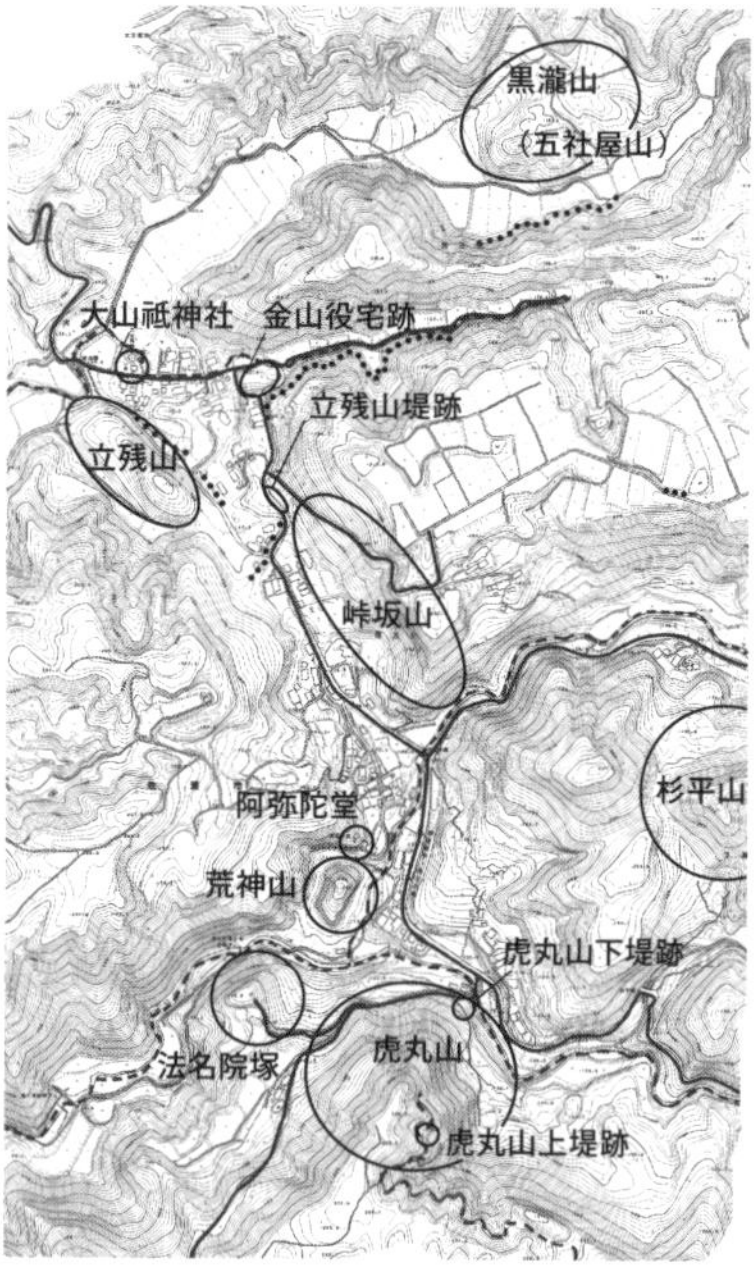

現在の笹川集落地形図

凡例　― 道路
--- 河川
…… 砂金用水路

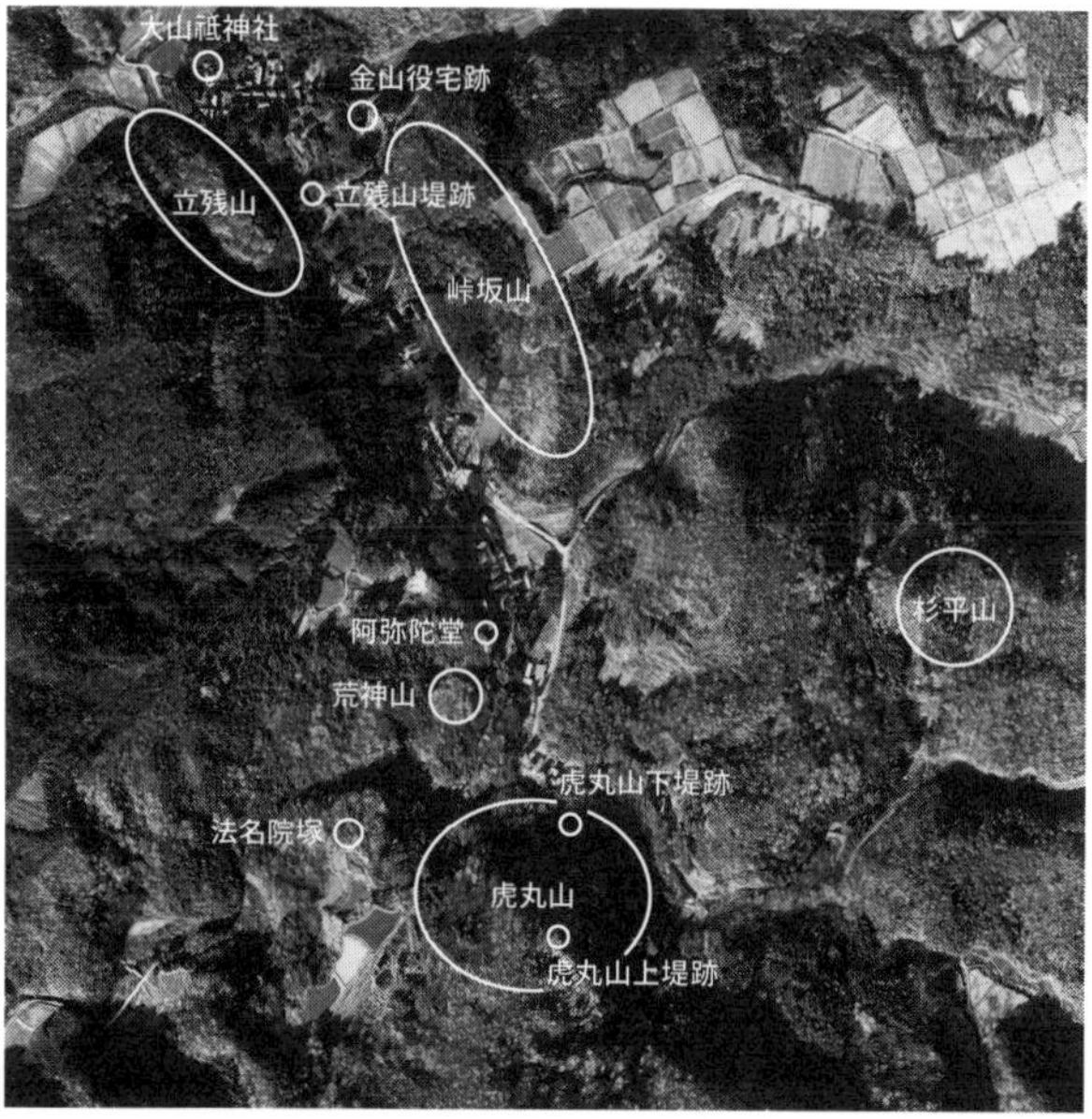

空から見た現在の笹川集落

佐渡金山のような産業遺産の場合、システムとして成立している産業の全体像を示すに足る構成資産が選定されているか否かが問われることになる。佐渡金山の場合、先述したように採鉱から選鉱、精錬という一連のプロセスを示す遺産が時代ごとにそれぞれ残されているので、遺産の全体性はおおむね満たされているといえるだろう。

また近年では、産業システム（この場合は金生産システム）の全体像のみでなく、そこで働いていた人々の生活の様子を示す遺産が加えられていることを評価する視点が強くなってきている。この点に関しても、佐渡金山の場合、西三川の砂金山の開発によって成立した笹川集落が現存しているのをはじめとして、上相川の宅地跡は山中に良好な形で残されており、相川の上町も変貌しつつあるものの往事の面影はとどめている。また、相川の下町は現在も都市的機能を果たしている。

こうしてみると、佐渡金山は十分に全体性を備えた遺跡であるということができる。

他の金山との比較

金や銀などの貴金属が世界中どこにあっても熱心な探索の標的となったということは、世界中至る所に金山や銀山の鉱山遺跡が残されているということでもある。他の鉱山遺跡、とりわけすでに世界遺産の一覧表や暫定一覧表に記載されている鉱山遺跡と比較して佐渡金山に特徴的な「顕著で普遍的な価値」があるということを証明しなければならない。

この点に関して、世界遺産の推薦書原案では以下の鉱山遺跡と比較することを通して、佐渡金山の価値を浮き彫りにしようとしている。

まず、金鉱山についてみると、銀や銅などと比べて鉱山数も限られているうえに、遺跡としてよく残っているところはさらに限定される。世界遺産としてすでに登録されているものは、スロバキアの「バンスカ・シュティアヴニツァ歴史都市と近隣の工業建築物群」(一九九三年登録)【註2】、とスペインの「ラス・メドゥラス」(一九九七年登録)【註3】のふたつだけである。

「バンスカ・シュティアヴニツァ歴史都市と近隣の工業建築物群」は紀元前八～一〇世紀にまでさかのぼる非常に長い歴史を有する金銀山である。二〇世紀まで採掘が続けられ、その間の各時代の金銀採掘システムが、鉱山跡をはじめとして水利施設や都市施設として、よく残されている。

遺産の中心は、遺産の名称にも表れているように、歴史都市の部分で、鉱山開発とともに栄

バンスカ・シュティアヴニツァ歴史都市(スロバキア)
Photo © Roman hraška/123RF.COM

ラス・メドゥラス鉱山(スペイン)
Photo © Adrian Nunez Gonzalez/123RF.COM

えた都市の豊かさが「顕著で普遍的な価値」の大きな部分を占めている。

「ラス・メドゥラス」はスペイン北西部の金山遺跡で、紀元一～三世紀の古代ローマ時代の砂金採掘の跡である。水の流れを利用した比重選鉱法で、西三川の大流しに類似した遺構があるほか、当時の道路や集落跡も構成要素となっている。時代が比較的限定しており、古代ローマの進んだ技術を導入し、地域に適応しつつ展開させていった産業遺産として評価されている点は、時代とともに変化しながら継続していったことを前面に押し出す佐渡金山とは評価軸が異なるということができる。

金山遺跡がわずか二件しか世界遺産になっていないということは、金の希少性を示唆しているとともに、金鉱山が国家に管理され、厳しい情報規制が敷かれていたことも理由として挙げられるかもしれない。

各国の世界遺産の暫定一覧表に記載されている主な金山として、サン・セバスチャン・デル・オエステ歴史都市（メキシコ）、ピルグリムズ・レスト（南アフリカ）、クローンダイク（カナダ）などがある。

サン・セバスチャン・デル・オエステ歴史都市は、一七～二〇世紀に金銀の採掘をおこなった鉱山町がよく歴史的建造物を残していることが高い価値を有するとしている。ピルグリムズ・レストは一八七三年に南アフリカ初のゴールドラッシュが起こったことで生まれた集落で、一八八〇年代までの初期のゴールドラッシュ期の限定された時期のまちの様相が対象となっている。クローンダイクは一九世紀末のカナダのゴールドラッシュを主題とした遺産群である。

いずれも金をテーマとはしているものの、佐渡金山の場合のように産金システムと集落との両方を対象としているものではない。また、佐渡金山が長い歴史の中で蓄積されている各時代の遺跡をつなぐように価値付けをしている資産は見当たらない。

その他の鉱山遺跡

次に、世界遺産として登録されている鉱山のうち、金以外の鉱山について見てみよう。佐渡金山と類似性が高いものとして以下の遺産を挙げることができる。

銀山としては、何といっても「石見銀山遺跡とその文化的景観」(二〇〇七年登録)【註4】を挙げなければならない。もともと佐渡金山遺跡も石見銀山遺跡の拡張として考えられていたほど(この点に関しては後述)、両者の鉱業生産プロセスは類似している。石見銀山は一六世紀から一九世紀後半まで銀生産が続けられたが、そのピークは一六~一七世紀にかけてで、日本における本格的な鉱山開発システムの初期の代表的な事例と見なすことができる。これに対して佐渡金山は(探索の対象が銀ではなく金であることはいわずもがなであるが)、一六世紀半ば以降近年に至るまでの四〇〇年以上の歴史を有し、産金システムの多様な展開がワンセットで見ることができる点が異なっている。

「ランメルスベルク鉱山、古都ゴスラーおよびオーバーハルツ水利システム」(ドイツ、二〇一〇年登録)【註5】は、一〇~二〇世紀にわたって銅と鉛、スズを産出してきたランメルスベルク鉱山とその操業を可能とした伝統的な水利システムが価値の中心として取り上げられており、これに産業革命以後の鉱山システム、豊かな富が結果として生み出した歴史都市としてのゴスラーが加えられている。

「ファールンの大銅山地域」（スウェーデン、二〇〇一年登録）【註6】は、遅くとも一三世紀には操業を開始し、二〇世紀まで続いた銅山で、一七世紀には世界の銅生産量の三分の二に達したといわれる。資産は大銅山の産業景観とファールンの旧市街などであり、産業システムの全体像に関しては言及が少ない。

「コーンウォールと西デボンの鉱山景観」（イギリス、二〇〇六年登録）【註7】は、一三世紀以来の銅とスズの鉱山として知られているが、世界遺産としての価値の大半は産業革命以降の生産システムにあるとされている。特に蒸気機関による排水ポンプであるコーニッシュ・エンジンの発明と普及に特色がある。

「レーロースの鉱山都市とその周辺」（ノルウェー、二〇一〇年登録）【註8】は一七〜二〇世紀に操業を続けた銅山で、厳しい自然に適応して営まれた鉱山のあり方に光が当てられている。

古都ゴスラー（ドイツ）
Photo © Torsten Lorenz/123RF.COM

コーンウォール（イギリス）
Photo © Chris Dorney/123RF.COM

以上、いずれの例も、佐渡金山に見られるような長期間にわたる金産出システムの変遷に光を当てたものではないということができる。

東アジアの金山遺跡

次に、推薦書原案では、文化的な環境が類似している東アジアに着目して、金山の遺跡の状況を世界遺産以外のものにまで拡げて概観して、以下のことを論じている

中国では砂金採取が中心で比較的小規模の金山が大半であるが、なかでも長期間の操業を行った金山として包家金鉱（江西省、八～一六世紀）と招遠鉱山（山東省、遅くとも八世紀から現在まで）がある。包家金鉱は唐から宋、明にかけての多様な遺跡が残されているが、生産システム全体が遺存しているわけではないこと、近代の産業遺産の部分を持たないことが知られている。

招遠鉱山は現在も操業しているため、遺産としての把握が進んでいないようである。

台湾にはいくつかよく知られた金山がある。ひとつは金瓜石鉱山、もうひとつは瑞芳鉱山である。両者は台湾北部の比較的近接したところにある金山である。いずれも一九世紀末に採掘が開始され、一九七〇年代から八〇年代にかけて閉山された。操業期間が短く、佐渡金山とは状況を異にしている。

朝鮮半島においては、雲山金山（朝鮮民主主義人民共和国、江原道）と泉浦鉱山（大韓民国、江原道）が知られているが、前者は情報がきわめて乏しく、後者は二〇世紀のわずかな期間に操業されていたにすぎない。

一般に東アジアの金山は国家管理の下に採金が行われていたことが多く、金山の情報が厳重に管理されているため、全貌がつかみがたいという問題がある。

残された課題

佐渡金山を世界文化遺産として推薦するにあたり、解決しなければならない課題がいくつか存在している。

① 石見銀山との差別化

文化庁世界文化遺産特別委員会は、二〇〇八年九月に、公募に応じた「金と銀の島、佐渡鉱山とその文化」を暫定リストに掲載する際に、以下のようなコメントを発表している。すなわち「一六世紀に大陸からもたらされ，石見銀山に根付いた『灰吹法』を効率的な金銀生産機構に組み込み、国内各地の鉱山への伝播を通じて日本の鉱山開発を発展させた拠点的鉱山であり、関連する諸要素が良好に遺存することから、世界遺産一覧表に既に記載されている『石見銀山遺跡とその文化的景観』との組合せにより、顕著な普遍的価値を持つ可能性が高い」【註9】。

このようなコメントの背景として、灰吹法を導きの糸として、石見銀山で用いられた産金技術が佐渡金山において大規模なシステムとして確立したといった全体像を想定して、両者をひとつのストーリーのうちに拡大・統合しようとしたことが挙げられる。

これに対して、佐渡というひとつの島のなかで見たときに、川金・柴金の採取から大規模な坑道掘りによる山金の組織的な金生産システムまでの過程が、比較的近距離において、継続的に発展していったさまがよく読み取れることがひとつのきわだった価値として標榜できるということから、独立して暫定リストに掲載されたという経緯がある。

たしかに佐渡の側から議論を組み立てるとこのようなことが言えるのはその通りであるが、これをひろく世界から見ると、狭い日本の中で細かく議論を組み立てて、共通性よりも差違を殊更に取り上げているように見えなくもない。

こうした印象を払拭するには、どのような論理を組み立てていくべきか。このことが大きな課題として残されている。

②金山と銀山を区別すべきか

上記の点と関連して、佐渡の場合、銀の含有量が比較的多いことから、正確には佐渡金銀山というべきであるという議論がある。

たしかに正論ではあるが、金と銀とでは希少性に明確な差違があるので、ここでは金山という側面を強調すべきであるというのが、筆者の立場である。世界遺産になっている銀山は数多いが、先述したように世界遺産に登録されている金山はわずかに二件を数えるのみである。したがって、金山であることを前面に立てるのが戦術として良いと考える。

③見えない価値の可視化

四〇〇〇年以上という長期にわたる金生産システムの変遷が、まとまって残っていることを強調すると、一方で、初期における一見してわかりにくい遺産と、後期のシステムが全体としてよく残っている遺産とを、同じ土俵で議論しなければならなくなる、という問題が浮上する。

とりわけ西三川の砂金山の文化的景観は、砂金の採取システムをよく知ったうえで、その気になって景観を読み解かなければその価値が理解しづらいという難点がある。明治以降の鉱山と比較すると、遺産の価値を理解するのにかかる労力の差違はあまりにも明らかである。この点をいかに克服するかという課題がある。

しかし、このところの世界文化遺産の登録案件を俯瞰すると、一見して価値が明らかな遺産は比較的少ないことに気づく。「顕著で普遍的な価値」を形成する資産間のつながりをひとつの物語としていかに語っていくかということ、裏を返すと、一見すると読み取りにくい遺産の価値をどのように読み取っていくかという点に、近年の世界文化遺産登録の主たる傾向があるといえる。

つまり、見えない価値をいかに理解するか、ということである。このことは世界遺産だけでなく、すべての文化遺産の理解に関わる重要な今日的課題である。読み取るこちら側に文化遺産に関するより深い理解が要請されているのである。自然遺産に関しても同様に、より深い自然理解が要請されている。

とすれば、こうした現代的な傾向の中に佐渡金山もあると理解することができる。

④ 変貌する構成資産の評価

相川の市街地など、いくつかの構成資産に関して、建て替えが進み、十分に説得力のある資産と言えるか、という点がある。たとえば、相川の上町は、すでに宅地の空地化がかなりの程度すすんでいるが、これを往時の生活の情景を今日に伝える町並みとして、どれだけ説得力があるのかに関しては、意見が分かれるところである。

⑤ 巨大産業遺産の保護

佐渡金山に限った課題ではないが、北沢浮遊選鉱場のようなコンクリートの近代巨大産業遺産をどのようにしたら今後とも保護していけるか、という課題がある。北沢浮遊選鉱場と似たような状況にある巨大産業遺産は数多いが、そのなかで端島、通称「軍艦島」の炭鉱遺跡が、二〇一四年六月に国の史跡に指定すべしという答申が文化審議会からなされたことが注目される。

現在の北沢浮遊選鉱場

軍艦島の通称で知られる長崎県端島
Photo © Sean Pavone/123RF.COM

軍艦島には採炭のための施設のみならず、炭鉱労働者の住宅群が密集して計画されているところに特色がある。これらの住宅群は現在、崩壊の途上にあり、史跡指定にあたってこれらをどのように取り扱うかは難問であった。軍艦島の住宅群の取り扱いを慎重に見極めることで、北沢浮遊選鉱場や大間港に代表される佐渡金山の巨大近代産業遺産の取り扱い方にひとつの方向が見いだされるのではないかと考える。

⑥ 観光戦略とアクションプラン

今後、世界遺産として登録された場合、その後の観光客対策をどのように組み立てるか、という課題がある。産金という鉱業システムの全体を示すという推薦書の方針は、一方で、これを来訪者の側に立ってその価値を理解しようとすると、産業の大きなシステムの一部分をばらばらに訪問することになり、竪坑や坑道などわかりやすい構成資産はまだしも、石切場跡や発電所跡など、それ自体ではそれほど特異な景観を有していないものをどのようにプレゼンテーションしていくのか、ということが問われることになる。

産業観光全般に言えることではあるが、当該産業全体をシステムとして見せていく手腕が問われることになる。佐渡金山の場合は、幸いにして、鉱山絵巻が残されているので、これをうまく活用することによって、産業の全体像と各工程の関係を示していくことがひとつの有力な戦略となるだろう。

また一方で、地元に住む人々がどのように遺産とつきあっていくか、という点にも十分な配慮が必要だろう。特に、これまでとりたてて観光資源となっていなかったような場所が構成資産として脚光をあびることになると、地域に思わぬ変化をもたらすことになるかもしれない。

この際、石見銀山が世界遺産として推薦される過程で、地元住民と行政との協働のなかでつくられ運営されてきた石見銀山協働会議と、そこでうまれた行動計画が参考になると思う。これから起こるかもしれない変化にどのように対処していくのか、いかに石見銀山をよりよく保ち、さらに来訪者によりよく理解してもらうかということに心を砕いたアクションプランが、事前に、多くの議論を経てつくられているのである。構成資産も同じ鉱山施設であり、ロケーションも似ているところなので、佐渡にとっては学ぶべき良い先例といえるだろう。

こうした課題を解決すべく努力を積み重ねることが、佐渡金山の魅力を磨き、さらなる魅力発掘に寄与することを期待したい。

註

1 原文：an outstanding response to issues of universal nature common to or addressed by all human cultures

2 Historic Town of Banská Štiavnica and the Technical Monuments in its Vicinity 価値基準：(iv), (v)

3 Las Médulas　価値基準：(i), (ii), (iii), (iv)

4 Iwami Ginzan Silver Mine and its Cultural Landscape　価値基準：(ii), (iii), (v)

5 Mines of Rammelsberg, Historic Town of Goslar and Upper Harz Water Management System 価値基準：(i), (ii), (iii), (iv)

6 Mining Area of the Great Copper Mountain in Falun　価値基準：(ii), (iii), (v)

7 Cornwall and West Devon Mining Landscape　価値基準：(ii), (iii), (iv)

8 Røros Mining Town and the Circumference　価値基準：(iii), (iv), (v)

9「我が国の世界遺産暫定一覧表への文化資産の追加記載に係る調査・審議の結果について」（文化審議会文化財分科会世界遺産特別委員会、2008年9月26日、別表7「世界遺産暫定一覧表記載文化遺産」

著者紹介

岩槻邦男 いわつき・くにお

1934年兵庫県生まれ。兵庫県立人と自然の博物館名誉館長、東京大学名誉教授。世界自然遺産候補地の考え方に係る懇談会座長。日本人の自然観にもとづく地球の持続性の確立に向けて積極的に発言している。94年日本学士院エジンバラ公賞受賞。2007年文化功労者。

松浦晃一郎 まつうら・こういちろう

1937年山口県出身。外務省入省後、経済協力局長、北米局長、外務審議官を経て94年より駐仏大使。98年世界遺産委員会議長、99年にはアジアから初のユネスコ事務局長に就任。著書に『世界遺産—ユネスコ事務局長は訴える』（講談社）、『国際人のすすめ』（静山社）など。

五十嵐敬喜 いがらし・たかよし

1944年山形県生まれ。日本景観学会会長、弁護士。専門は都市政策、立法学、公共事業論。法政大学教授、内閣官房参与などを経て2014年4月より現職。近年、災害復興の切り札として注目される制度的、思想的概念「現代総有論」を提唱。

西村幸夫 にしむら・ゆきお

1952年福岡市生まれ。東京大学教授。日本イコモス国内委員会委員長、文化庁文化審議会委員、同世界遺産特別委員会委員長。専門は都市計画、都市保全計画、都市景観計画。『西村幸夫　風景論ノート』（鹿島出版会）、『都市保全計画』（東大出版会）など著書多数。

萩原三雄 はぎわら・みつお

1947年山梨県生まれ。帝京大学大学院教授。帝京大学文化財研究所所長、佐渡金銀山調査指導に関する専門家会議委員。専門は中世考古学・鉱山史。編著書に『日本の金銀山遺跡』（高志書院）、『中世城館の考古学』（高志書院）など多数。

宇佐美 亮 うさみ・りょう

1975年埼玉県生まれ。佐渡市世界遺産推進課調査係主任。東海大学文学部史学科考古学専攻卒。佐和田町教育委員会生涯学習課を経て、2005年より佐渡金銀山遺跡の調査に携わり、2009年より現職。

余湖明彦 よご・あきひこ

1964年新潟県生まれ。新潟県教育庁文化行政課世界遺産登録推進室副参事。佐渡高等学校教諭、新潟県教育庁高等学校教育課指導主事、新潟県立文書館副館長などを経て、2013年より現職。専門は日本近世史。

渡部浩二 わたなべ・こうじ

1970年山形県生まれ。新潟県立歴史博物館主任研究員。専門は日本近世史。主な論文に「佐渡金銀山絵巻の変遷・分類と絵師」（『佐渡金銀山絵巻　絵巻が語る鉱山史』同成社）など。

北村 亮 きたむら・りょう

1956年新潟県生まれ。新潟県教育庁文化行政課世界遺産登録推進室長。県教育庁文化行政課埋蔵文化財係長、佐渡市世界遺産推進課長、新潟県埋蔵文化財調査事業団調査課長などを経て、2013年より現職。専門は日本考古学。

甦る鉱山都市の記憶
佐渡金山を世界遺産に

2014年10月8日　初版第一刷発行

編著者：五十嵐敬喜＋岩槻邦男＋西村幸夫＋松浦晃一郎
企画協力：新潟県、佐渡市
編集協力：戸矢晃一、真下晶子

発行者：藤元由記子
発行所：株式会社ブックエンド
〒101-0021
東京都千代田区外神田6-11-14 アーツ千代田3331
Tel. 03-6806-0458　Fax. 03-6806-0459
http://www.bookend.co.jp

ブックデザイン：折原 滋（O design）
印刷・製本：シナノパブリッシングプレス

ISBN978-4-907083-17-5

BOOKEND